本书得到凯里学院"十四五"学科专业平台团队一体化建设规划项目
（项目编号：YTH-XM2024006）资助

森林康旅产业发展的
理论与实践

战 勇 王 超 李 军／著
高 翔 刘晓岚

西南财经大学出版社
中国·成都

图书在版编目（CIP）数据

森林康旅产业发展的理论与实践/战勇等著.
成都:西南财经大学出版社,2025.5. --ISBN 978-7-5504-6688-3
Ⅰ. S718.55;R161;F592.3
中国国家版本馆 CIP 数据核字第 2025Q70V74 号

森林康旅产业发展的理论与实践
SENLIN KANGLÜ CHANYE FAZHAN DE LILUN YU SHIJIAN
战勇　王超　李军　高翔　刘晓岚　著

策划编辑:石晓东
责任编辑:石晓东
助理编辑:徐可一
责任校对:张博
封面设计:墨创文化
责任印制:朱曼丽

出版发行	西南财经大学出版社(四川省成都市光华村街55号)
网　　址	http://cbs.swufe.edu.cn
电子邮件	bookcj@ swufe.edu.cn
邮政编码	610074
电　　话	028-87353785
照　　排	四川胜翔数码印务设计有限公司
印　　刷	成都金龙印务有限责任公司
成品尺寸	170 mm×240 mm
印　　张	14
字　　数	276 千字
版　　次	2025 年 5 月第 1 版
印　　次	2025 年 5 月第 1 次印刷
书　　号	ISBN 978-7-5504-6688-3
定　　价	78.00 元

前言

　　在当今快节奏、高压力的现代城市生活中，人们对健康和福祉有了更高的追求。森林，作为大自然赋予人类的宝贵财富，以其独特的生态环境和丰富的林业资源，成为人们寻求身心疗愈和放松的理想场所。森林康旅正是在这样的背景下应运而生的，并迅速发展为旅游领域的一个重要分支。森林康旅是把森林作为活动载体，以户外森林康养为核心，以森林旅游为纽带，将休闲度假、健康养生、自然教育等融为一体的综合旅游活动。森林康旅产业则是以丰富的森林景观、浓郁的森林文化、宜人的森林环境、健康的森林食品为依托，结合相应的休闲养生及医疗服务设施，开展的有利于人们身心健康、延年益寿的森林游憩、度假、疗养、保健、养老等各种旅游体验产品和服务的集合。2023 年 9 月，国务院办公厅印发的《关于释放旅游消费潜力推动旅游业高质量发展的若干措施》（国办发〔2023〕36 号）中明确提出："在严格保护的基础上，依法依规合理利用国家公园、自然保护区、风景名胜区、森林公园、湿地公园、沙漠公园、地质公园等自然生态资源，积极开发森林康养、生态观光、自然教育等生态旅游产品。推出一批特色生态旅游线路。推进森林步道、休闲健康步道建设。"这一政策的出台，为森林康旅产业的发展注入了强大动力。

　　森林康旅产业融合了森林生态、医学保健、旅游休闲、产业经济等多个学科的知识和理念，具有广阔的发展前景和重要的社会意义。森林康旅产业不仅能够满足人们对健康生活方式的需求，促进人们身心健康，还能够推动森林资源的可持续利用，带动地方经济发展，实现生态保护与经济发展的良性互动。

　　本书的理论部分，首先对森林康旅产业的发展背景、建设条件、未来机遇进行了阐释，这能够帮助我们全面了解森林康旅产业并把握其发展趋势；其次，论述了森林康旅产业的内涵与外延、特点与分类、理论与联系，这有利于我们清晰理解森林康旅产业的核心概念、特点和运作模式，认识其独特的价值创造机制和发展规律，发现与森林康旅相关的领域和潜在的合作机会，突破传统思维局限，从更广泛的视角审视资源利用和市场需求；再次，从产业发展所需的产品、设施、服务三个关键维度，较为系统地阐释了森林康旅产业相关产品构成、设施保障、服务体系；最后，通过阐释生态旅游推广、森林主题活动、森林文化节庆活动、社交媒体宣传、联盟与会员制度、口碑营销与故事这六种森林康旅产业的拓展路径，说明森林康旅产业的市场拓展选择。

本书的实践部分，阐释了贵州开阳水东乡舍、云南红河龙韵养生谷、重庆永川茶山竹海、四川南江米仓山、海南仁帝山雨林、广西东兰红水河、福建泰宁水际村、浙江黄岩大寿基、黑龙江北极村共九个地区森林康旅产业发展的基本情况、发展历程、基本做法，并总结了不同典型地区森林康旅产业的经验启示。

编写本书是为了系统地梳理和探讨森林康旅这一新兴产业的理论与实践，为相关研究者、从业者以及对森林康旅感兴趣的读者提供全面而深入的参考。在编写过程中，我们参考了许多已有的文献和前人的研究成果，在此向所有为森林康旅产业做出贡献的学者和专家表示衷心的感谢。同时，我们也感谢为本书提供案例和数据支持的企业和机构，以及参与本书编写和校对工作的团队成员，正是他们的辛勤付出，本书才得以顺利完成。

森林康旅产业作为一个新兴产业，仍处于不断发展和完善的过程中。本书呈现的内容仅是当前研究和实践的阶段性成果，我们希望能够以此引发更多的思考和探索，进而推动森林康旅产业在理论和实践上不断创新和发展。

我们衷心希望本书能够为读者带来启示和帮助，为共同推动森林康旅产业的繁荣发展贡献力量，让更多的人能够在森林的怀抱中收获健康、亲近自然、心情愉快地生活。

著者

2024 年 12 月

没有全民健康，就没有全面小康。要把人民健康放在优先发展的战略地位，以普及健康生活、优化健康服务、完善健康保障、建设健康环境、发展健康产业为重点，加快推进健康中国建设，努力全方位、全周期保障人民健康，为实现"两个一百年"奋斗目标、实现中华民族伟大复兴的中国梦打下坚实健康基础。

——2016 年 8 月 19 日至 20 日，习近平总书记在全国卫生与健康大会上的讲话。

目录

上篇　森林康旅产业发展的理论

下篇　森林康旅产业发展的实践

上篇
森林康旅产业发展的理论

第一章　森林康旅产业的发展概况

一、森林康旅产业的发展背景

（一）游客健康意识的增强

随着游客生活水平的提高和健康意识的增强，特别是新冠病毒感染疫情让游客的健康观念产生改变，游客对身心健康问题更加重视，越来越多的游客开始关注健康养生。中国青年报社会调查中心联合问卷网在2023年对2 008名受访者进行的一项调查显示，86.6%的受访者感到自己的健康意识增强了。

游客健康意识增强的主要体现如下：一是对心理健康的认识不断提高。游客更加关注自身的情绪和心理状态，积极寻求心理支持和帮助。二是健康教育普及。游客对健康知识的需求增加，开始利用互联网短视频平台等多种形式，积极关注和参加相关健康讲座、培训和课程，学习如何保持健康和预防疾病的方法。三是环境意识增强。健康意识的增强也促使游客更加关注环境对健康的影响，热衷于选择环保产品，关注空气质量、水质等环境问题，支持环境的可持续发展。四是健康饮食。越来越多的游客开始关注饮食的营养均衡和食材安全，倾向于选择更天然、新鲜、有机的食物，减少对加工食品和高糖、高脂肪食物的摄入。另外，许多游客意识到吸烟和过度饮酒对健康的危害，努力戒烟或限制饮酒量，追求更健康的生活习惯。五是运动锻炼。更多的游客意识到运动对身体健康的重要性，积极参加各种休闲体育活动（如跑步、瑜伽等），追求一种健康的现代化生活方式。六是疾病预防。游客更加注重预防疾病，定期体检、接种疫苗，关注健康资讯，采取预防措施来降低患病的风险。七是重视睡眠。游客认识到良好的睡眠对身体和心理健康的重要性，注重改善睡眠质量，养成良好的睡眠习惯。

森林不仅为人类提供了生存和发展的自然资源条件，保证了人类的可持续发展，而且还具有调节气候、防风固沙、净化污染、涵养水源、保持水土、美化环境、繁育物种等多种功能。据测定，1 公顷①阔叶林每天可吸收 1 吨二氧化碳，释放出 730 千克氧气，可供 1 000 人正常呼吸之用。如果没有森林所提供的植物资源及其他自然资源，众多生物的生存将失去基础保障。游客常常形象地比喻：森林是地球之肺，能够吸收二氧化碳，放出氧气。因此，森林环境被认为对身心健康有益，如提供新鲜空气、减轻压力、改善睡眠、增强免疫力等，这使森林康旅在现代成为一种受欢迎的休闲旅游方式。

森林康旅可以通过以下五种方式增强游客的健康意识：一是体验活动。通过各种森林康旅活动（如徒步旅行、森林冥想、自然观察等），游客能亲身体验大自然的美妙，感受与自然的连接，从而增强对健康的重视。二是教育与宣传。通过宣传森林康旅的益处（如改善心理健康、减轻压力、增强免疫力等），游客能了解大自然对健康的积极影响。森林康旅机构可以利用宣传册、网站、社交媒体等渠道进行知识普及。三是科普讲座。通过参加与环境保护、生态知识、健康生活方式等相关的科普讲座，游客能了解自然界与人类健康的关系，并提高环保意识和可持续发展观念。四是个性化服务。森林康旅机构可以根据不同人群的需求，提供个性化的方案，如针对老年人的轻松散步活动、针对上班族的减压课程等，以满足不同人的健康需求。五是社交互动。在森林康旅的过程中，游客之间通过交流和互动，分享健康经验和心得，互相鼓励和支持，形成良好的健康氛围。

综上所述，森林康旅可以帮助游客更深入地认识到健康的重要性，并在日常生活中积极采取行动，提升自己的健康意识和生活质量。同时，丰富的森林康旅活动也能够促进游客对大自然的保护和可持续利用。

（二）旅游消费升级的需要

游客对旅游的需求不再局限于观光，而是追求个性化、深度体验和健

---

① 1 公顷=0.01 平方千米，后同。

康养生。传统的观光旅游已不能满足游客的多样化需求，门票减免、住宿优惠、交通补贴等不再是大多数游客出行的首要影响因素，更多的游客开始追求个性化、高质量、沉浸式的深度旅游。旅游新业态，如智能家居、虚拟旅游、文娱旅游、体育赛事、国货"潮品"、夜间旅游、城市漫步等给旅游业带来了新的消费增长点。旅游消费升级主要体现在以下六个方面：一是多元化需求。除了传统的观光旅游，游客对文化、休闲、度假、探险等多元化的旅游形式需求增加。二是个性化定制。游客越来越倾向于根据自己的兴趣和需求定制旅游产品和服务，以追求独特的旅游体验。三是品质化追求。游客更加注重旅游产品和服务的品质，对高品质、个性化的旅游体验有更高的要求。四是智能化体验。科技的发展使得旅游更加便捷和智能化，如在线预订、移动支付、智能导览、虚拟体验、人机互动等。五是高端化消费。随着人们收入水平的提高，部分游客愿意支付更高的价格，享受更优质的旅游产品和服务。六是持续性消费。游客对旅游的需求不再局限于一次性的旅游，而是倾向于多次、长期的旅游消费。这些都反映了游客对旅游的需求已经从简单的观光转变为更加注重品质、个性化以及深度体验的消费模式，也推动了旅游产业的不断升级和创新。因此，旅游企业需要不断提升产品和服务质量，满足游客日益增长的需求，以适应旅游消费升级的趋势。

森林康旅产业是旅游消费升级与健康旅游深度融合的一种选择。森林康旅产业可以通过以下六种方式满足旅游消费升级的需求：一是打造高品质的森林住宿和绿色餐饮。森林康旅产业通过森林优美的环境和丰富的资源为游客提供优质的住宿条件和特色美食，满足他们对品质生活的追求。二是提供高端定制化服务。森林康旅产业可以针对不同游客的体验需求，提供个性化的旅游产品和服务，如私人定制的森林徒步路线、专属的森林瑜伽课程、森林求知探奇活动等。三是融合多元文化元素。森林康旅产业可以与当地文化特色相结合，举办文化活动、展览等，丰富游客的旅游体验，体现消费升级中的文化需求。四是引入科技元素。森林康旅产业可以利用数字化技术、现代疗养设备、虚拟现实（VR）、增强现实（AR）等技术，为游客提供更加生动、有趣、健康的森林体验。五是开发亲子互动项目。森林康旅产业可以设计适合亲子家庭的森林活动（如森林探险、自然教育等），以满足家庭旅游消费升级的需求。六是推出养生度假产品。森林康旅产业可以结合森林的自然环境，开发养生、度假类旅游产品，满足游客对休闲、放松的需求。通过以上方式，森林康旅产业可以更好地满足游客对高品质、个性化出行的需求，从而实现旅游消费升级。同时，这也有助于推动森林康旅产业的可持续发展。

（三）城市压力与环境问题

城市压力和环境问题使游客渴望逃离城市，寻找宁静的自然环境。森林康旅为游客提供了放松身心、亲近自然的机会。城市压力与环境问题直接给游客健康带来威胁，造成"亚健康"人群大量存在。城市压力与环境问题主要体现在以下七个方面：一是交通拥堵。城市人口密集和机动车数量的增加导致交通拥堵，增加了通勤时间和交通压力。二是住房问题。高房价、住房短缺和居住环境不佳等问题给城市居民带来了经济和生活压力。三是空气污染。工业废气、车辆尾气和燃煤等排放物导致空气质量下降，对居民健康造成危害。四是噪声污染。交通噪声、施工噪声和工业噪声等会影响居民休息。五是垃圾污染。城市中的垃圾处理不当会导致环境污染和卫生问题。六是生态破坏。城市扩张和建设对自然生态系统造成破坏，从而减少了绿色空间、降低了生物多样性。七是社会压力。城市生活的快节奏、激烈竞争和高工作压力对居民的心理健康产生负面影响。"大城市病"的主要表现如表 1-1 所示。

表 1-1 "大城市病"的主要表现

表现特征	内容
人口膨胀	大城市的人口数量剧增，密度过高
交通拥堵	城市交通设施缺乏，拥堵严重，居民日常交通耗时过长。全国约 2/3 的城市在高峰时段出现拥堵
住房困难	城市房价高企，供需矛盾突出，大量居民购置新房的支付能力偏弱
环境污染	空气污染等降低了城市居民的生活质量和幸福感，影响了居民的身体健康
资源紧张	水资源短缺，绿地资源不足，城市居民对环境卫生评价偏低
物价较高	物价上涨，部分居民处于失业状态

森林康旅产业与减轻游客城市压力和解决环境问题之间存在着积极的关系，主要体现在以下三个方面：一是森林可以为游客提供健康所需的自然环境。城市通常面临着较大的环境压力，如空气污染、噪声污染等。森

林可以为城市居民提供亲近自然、呼吸新鲜空气的机会，减轻城市环境问题对游客健康的影响。二是森林活动可以有效缓解游客的身心压力。城市生活的快节奏和高工作压力可能导致游客身心健康问题。森林康旅产业通过提供森林徒步、瑜伽、冥想、疗养等活动，有助于游客放松身心、减轻压力，促进身心健康。三是森林旅游可以减少城市的交通拥堵。城市的交通拥堵问题影响着游客的生活质量。森林康旅产业可以吸引一部分城市居民到近郊或偏远地区进行旅游，缓解城市中心的交通压力。然而，需要注意的是，森林康旅产业的发展也可能带来一些挑战，如生态环境保护、旅游资源合理开发、基础设施建设等。在其发展过程中，政府、企业和社会各方需要权衡经济利益与生态保护之间的关系，确保产业可持续发展；同时应共同努力，解决城市压力和环境问题，实现城市与自然的和谐共生。

（四）国家政策倡导与支持

党的十八大以来，国家出台了一系列政策支持森林康旅产业的发展（见图 1-1）。2013 年 9 月 28 日，《国务院关于促进健康服务业发展的若干意见》指出，要"鼓励有条件的地区面向国际国内市场，整合当地优势医疗资源、中医药等特色养生保健资源、绿色生态旅游资源，发展养生、体育和医疗健康旅游。"2016 年 1 月，《国家林业局关于大力推进森林体验和森林养生发展的通知》强调，要"有效利用森林在提供自然体验机会和促进公众健康中的突出优势，更好地推动森林旅游的健康快速发展"。2016 年 5 月，农业部等九部门联合印发《贫困地区发展特色产业促进精准脱贫指导意见》，其中强调要"积极发展特色产品加工，拓展产业多种功能，大力发展休闲农业、乡村旅游和森林旅游休闲康养，拓宽贫困户就业增收渠道"。2016 年 10 月 25 日，为了推进健康中国建设，提高人民健康水平，根据党的十八届五中全会战略部署，中共中央、国务院印发《"健康中国 2030"规划纲要》，其中明确要求"积极发展健身休闲运动产业"，森林康养运动成为游客进行休闲运动的大众旅游活动。2017 年，《国家林业局办公室关于开展森林特色小镇建设试点工作的通知》要求，"推动林业发展模式由利用森林获取经济利益为主向保护森林提供生态服务为主转变，提高森林观光游览、休闲度假、运动养生等生态产品供给能力和服务水平，不断满足人民群众日益迫切的生态福祉需求"。2019 年，国家林业和草原局、民政部、国家卫生健康委员会、国家中医药管理局联合印发《关于促进森林康养产业发展的意见》，其中提出"到 2035 年，建成覆盖全国的森林康养服务体系，建设国家森林康养基地 1 200 处""向社会提供多层次、多种类、高质量的森林康养服务，不断满足人民群众日益增长的美好生活需要"。2024 年，《中共中央 国务院关于学习运用"千村示范、万村整治"工程经验有力有效推进乡村全面振兴的意见》明确指出，要"实施乡村文旅深度融合工程，推进乡村旅游集聚区（村）建设，培育生态旅游、森林康养、休闲露营等新业态，推进乡村民宿规范发展、提升品质"。这些国家政策的倡导与支持，体现了我国政府对森林康旅资源合理开发利用的重视，为现代森林康旅产业高质量发展奠定了坚实的政策基础。

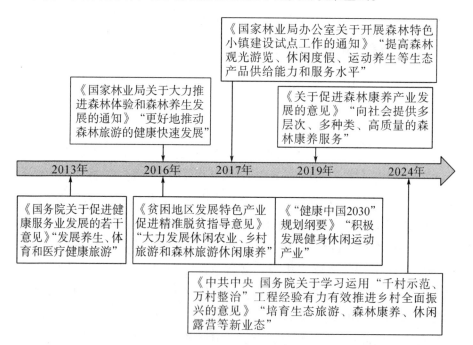

图 1-1　我国森林康旅产业发展相关主要支持政策

　　总体而言，国家政策的倡导与支持可以促进旅游业的可持续发展和森林资源的保护。这具体体现在以下七个方面：一是生态保护与可持续发展。国家政策鼓励森林康旅产业的发展与生态保护相结合，构建可持续的旅游模式，促进森林资源的保护和合理利用。二是旅游体验所需的基础设施建设。国家政策加大对森林康旅地区的基础设施建设投入，可以改善交通、住宿、餐饮等条件，提高旅游的便利性和舒适度。三是产业扶持与税收优惠。国家政策提供财政补贴、贷款优惠等，鼓励企业参与森林康旅产业的发展；同时给予一定的税收优惠，降低企业成本，提高其竞争力。四是人才培养与科技创新。国家政策支持森林康旅相关的人才培养，加强专业培训和教育，提高从业人员的素质；同时鼓励科技创新，推动森林康旅产业与现代科技的融合，提升产业水平。五是区域合作与一体化发展。国家政策倡导跨区域的合作与协调发展，整合各地森林康旅资源，形成规模化、特色化的旅游产品，提升区域整体竞争力。六是文化传承与保护。国家政策强调森林康旅与当地文化的结合，支持文化传承和保护，鼓励开发具有地方特色的文化旅游产品。七是游客教育与意识推广。国家政策通过宣传和教育活动，提高游客对森林康旅的认识和参与度，培养游客的环保意识和健康生活理念，同时促进游客森林环境保护意识的提升。

综上所述，国家政策为森林康旅产业的发展创造了良好的政策环境，能够吸引更多的投资和资源，促进产业的繁荣，有助于实现经济发展、生态保护和社会效益提升的"三赢"。

二、森林康旅产业的建设条件

（一）丰富的森林资源

多样化的森林生态系统、清新的空气、清澈的溪流和湖泊等自然资源，是发展森林康旅产业最为根本的基础条件。党的十八大以来，我国坚持造林数量与质量并重，持续开展造林绿化工作，不断扩大森林面积、提升森林质量。据国家林业和草原局、国家公园管理局的统计，从2014年到2024年，我国森林面积由31.2亿亩①增加到34.65亿亩。2024年，我国森林植被生物量达218.86亿吨，全国林草植被总碳储量达114.43亿吨。森林康旅产业通常需要以下三个条件：一是森林面积大和覆盖率高。一般游客在森林中正常漫步3~5个小时比较适宜。因此，拥有游客体验场域足够大的森林面积和较高的森林覆盖率是发展森林康旅产业的基础，这可以为游客提供广阔的空间进行休闲、散步、徒步等活动。二是森林生态的多样

---

① 1亩=666.67平方米，后同。

性。不同类型的森林生态系统，如热带雨林、温带阔叶林、针叶林等都具有独特的景观和生态特色，它们丰富的动植物物种多样性可以增强游客的观赏感和体验价值。三是森林自然景观优美。美丽的山水风光、瀑布、溪流、湖泊等自然景观可以吸引游客，为其提供赏心悦目的环境和拍照打卡的机会。

（二）便利的交通设施

良好的交通条件可以提高游客的可达性和便利性，便于游客前往和离开森林康旅景区，以及在森林康旅景区内顺畅游览，这对提升游客的森林康旅体验感以及促进旅游业的增长都十分重要。森林康旅产业所需的交通设施条件主要包括以下六个：一是道路网络。良好的道路基础设施是至关重要的，通往森林康旅景区的道路应保持良好的状态（平整、安全和畅通）；道路标识应清晰、明确，便于游客导航。二是公共交通。便捷的公共交通，如公交车、班车或旅游专线等能够方便游客到达和离开森林康旅景区。三是停车场。充足的停车场设施可以确保车辆的安全停放，从而满足游客的森林自驾游需求。四是自行车道和步行道。森林康旅景区内部可以设置自行车道和步行道，景区应鼓励游客选择绿色出行方式。五是交通信息和导航。森林康旅景区应提供准确的交通信息和导航服务，帮助游客规划行程和选择最佳的交通方式，防止其迷失方向。六是交通设施的可及性。森林康旅景区应确保交通设施对所有人都是可达的，包括残疾人和老年人，如提供无障碍通道和便利设施。另外，合理的交通规划也有助于减少交通拥堵和环境影响，提升游客的整体体验。森林康旅产业的规划和发展应综合考虑交通设施的建设和管理，以确保游客能够顺畅到达森林康旅景区并充分享受森林的美景。

（三）完善的配套条件

完善的配套条件是保障森林康旅优质体验的前提。除了丰富的森林资源和便利的交通设施，森林康旅产业还需要完善以下七个配套条件：一是设立游客中心（包含信息设施）。游客中心能够为游客提供森林康旅体验的咨询和导游服务、地图和宣传资料，帮助游客了解景区的特点和活动，并为游客提供临时休憩的场所。二是提供多样化的住宿设施。具有森林特色的酒店、民宿、露营地等，能够满足游客不同的住宿需求。三是配备多样化的餐饮设施。具有森林康养文化特色的餐厅、小吃摊和咖啡馆以及具有森林场景特色的临时餐饮提供点，能够为游客提供丰富的美食选择，满足其不同的口味和饮食需求。四是完善卫生基础设施。卫生间、洗手池和垃圾收集等基础设施，能够保持森林环境的清洁和卫生。五是完善休闲设施。休闲广场、座椅、观景台等，能够供游客休息和放松。六是提供丰富的娱乐设施。景区应提供户外运动设施、林中儿童游乐区、林下温泉浴场等。七是完善其他设施。景区应完善通信设施、安全设施、环保设施、教育设施等。完善的配套条件能够提升游客的体验感和满意度，从而促进森林康旅产业的可持续发展。森林康旅产业在规划和发展的过程中，应充分考虑游客的需求和便利；同时应注重产业与自然环境的和谐共生，努力打造一个舒适、安全且环保的森林康旅景区。森林康旅体验设施概况如表1-2所示。

表1-2 森林康旅体验设施概况

类型	种类	目的
森林康养体验设施	休闲民宿、康养基地、森林游步道、森林阳光房、温泉汤池等	森林康养体验设施旨在为游客提供舒适且具有治疗和康复效果的森林环境，让其能够享受森林清新的空气和美丽的自然景观，同时进行身体锻炼和心灵放松
森林旅游体验设施	生态游乐设施、赏花休闲区、民宿和露营地：①生态游乐设施，如高空自行车、步步惊心、梦幻空中漂流、彩虹滑道、极速飞车等；②赏花休闲区，四季不同的花卉争奇斗艳，为游客提供一个在花海中沉醉的机会；③民宿和露营地，如精致帐篷、森林木屋、特色民宿和客房等	森林旅游体验设施旨在为游客提供多样化的活动和住宿选择，使其在享受自然美景的同时，也能体验到各种乐趣，从而使旅游体验更加丰富和难忘

（四）专业的服务团队

游客需要一个既懂森林康养基本知识，又懂森林旅游管理的专业服务团队，为其提供优质的森林康养服务和旅游体验保障。森林康旅产业一般需要具备以下八种人才（或团队）：一是导游和解说员。他们需要具备丰富的森林康旅知识储备，能够为游客提供关于森林生态、动植物、历史文化、森林文化等方面的解说和指导。二是健康顾问和理疗师。他们需要熟悉森林疗法和健康养生知识，能够结合森林康养特色为游客提供个性化的健康建议和理疗服务。三是户外活动指导员。他们需要擅长各类户外活动，特别是与森林相关的活动（如森林徒步、林间露营、林中登山等），为游客提供专业指导并确保其安全。四是餐饮服务团队（如厨师、服务员等）。他们能够提供优质的森林康养文化特色餐饮服务，满足游客的餐饮需求。五是住宿管理团队。他们需要负责森林酒店、民宿或露营地的运营管理，能够为游客提供舒适和安全的住宿环境和优质的客户服务。六是营销和推广团队。他们需要具备市场营销和品牌推广的能力，能够吸引游客并提升景区的知名度。七是安全保障团队（如保安、急救人员等）。他们需要确保游客的人身安全并处理紧急事件。八是环境保护团队。他们需要致力于森林生态保护和可持续发展，如开展环境监测和管理工作，及时清理人为垃圾和防止森林破坏行为等。这些专业的人才（或团队）在森林康旅产业中发挥着重要作用，他们的专业知识和技能能够为游客提供优质的服务体验，同时也有助于提升森林康旅景区的管理水平和品牌形象。一个协同合作、高效运作的专业服务团队是森林康旅产业成功的关键因素之一。

（五）特色的森林康旅产品

发展森林康旅产业，拓宽旅游市场，需要特色的森林康旅产品作为重要支撑。这里的产品是广义上的产品，既包括具体的商品，又包括相关的服务，如森林浴、森林徒步、瑜伽冥想、生态科普等。不同的森林康旅景区可以通过不同的侧重点来突出其特色，通常有如下十个侧重点：一是特色的森林自然体验活动。例如，森林漫步、冥想、呼吸练习等能够帮助游客放松身心、减轻压力。二是特色的森林健康养生项目。例如，森林瑜伽、太极、温泉泡浴等活动能够促进身体健康和精神放松。三是特色的生态教育和研学活动。例如，自然观察、生态讲座、手工制作等活动能够提高游客对环境的认识和保护意识。四是特色的森林康养餐饮产品。例如，森林康旅景区的食材制作的特色健康美食，或者其开展的森林野餐、森林烧烤等活动。五是个性化的森林康体疗程。例如，森林 SPA、芳香疗法、林下按摩等。六是特色的森林文化体验活动。例如，森林康旅景区的传统文化、艺术表演等能够丰富游客的精神生活。七是森林探险和挑战项目。例如，树冠漫步、绳索挑战、野外生存等能够满足游客寻求挑战的需求。

八是森林亲子互动项目。例如，亲子露营、森林寻宝等能够增强家庭成员间的互动和情感交流。九是特色的森林住宿产品。例如，树屋、森林木屋、露营帐篷等独特的住宿选择能够让游客与自然更亲近。十是森林康旅商品和纪念品。例如，有机护肤品、森林主题文具等是很好的纪念品或礼物。这些独特的森林康旅产品能够突出森林的特色和优势，满足不同游客的需求和兴趣，增强森林康旅的吸引力和竞争力；同时，产品的设计和推出应注重与森林环境的融合，强调可持续性和生态友好性。森林康旅产品的不断创新和优化，有助于森林康旅产业的蓬勃发展。

三、森林康旅产业的未来机遇

（一）市场需求的增长

旅游市场快速复苏，为森林康旅产业发展夯实了市场基础。文化和旅游部发布的2024年元旦和春节数据显示，元旦假期期间，全国国内旅游出游1.35亿人次，同比增长155.3%，较2019年同期增长9.4%；实现国内旅游收入797.3亿元，同比增长200.7%，较2019年同期增长5.6%。春节假期，全国国内旅游出游4.74亿人次，同比增长34.3%，较2019年同期增长19.0%。国内游客出游总花费6 326.87亿元，同比增长47.3%，较2019年同期增长7.7%。在如此强劲的增长背景下，2024年一季度中国旅游市场延续了这一复苏态势，国内旅游总人次14.19亿，同比增长16.7%；国内游客出游总花费1.52万亿元，同比增长17.0%。另外，根据《2024—2030年中国森林旅游行业市场现状调查及发展趋向研判报告》的分析，我国森林旅游市场正在发生巨变，游客需求剧增，发展机遇显著。森林康旅景区通过不断提供丰富的活动以提升游客体验；但同时也需要注重提升产品和服务质量，以及开发新的旅游目的地以满足游客需求。我国森林康旅产业作为乡村振兴、绿色发展的重要抓手之一，产品类型还将不断丰富，发展规模也将持续扩大，我国森林康旅产业投资也将不断增加，以带动相关设施的进一步完善。2019年3月，国家林业和草原局、民政部、国家卫生健康委员会、国家中医药管理局联合印发的《关于促进森林康养产业发展的意见》提出，到2035年我国将建成覆盖全国的森林康养服务体系，建设国家森林康养基地 1 200 处。2013—2023 年我国国内旅游发展情况如图 1-2 所示。

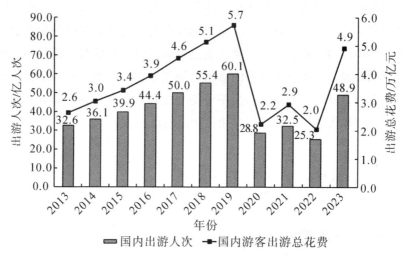

图 1-2　2013—2023 年我国国内旅游发展情况

（资料来源：《中华人民共和国文化和旅游部 2023 年文化和旅游发展统计公报》）

（二）生态旅游的发展

世界自然保护联盟（IUCN）于 1983 年提出了"生态旅游"概念，1993 年，国际生态旅游协会把生态旅游定义为具有保护自然环境和维护当地人民生活双重责任的旅游活动。从旅游发展的角度来看，生态旅游是近年来世界旅游业中增长最快的部分，年增长率达到 25%～30%。中研普华产业研究院发布的《2024—2029 年中国生态旅游投资规划及前景预测报告》显示，我国的生态旅游是主要依托自然保护区、森林公园、风景名胜区等发展起来的。目前，我国生态旅游形式已从原生的自然景观发展到半人工生态景观，旅游对象包括原野、冰川、自然保护区、农村田园景观等，生态旅游形式包括游览、观赏、科考、探险、狩猎、垂钓、田园采摘及生态农业主体活动等，呈现出多样化的格局。同时，生态旅游已经成为地方政府吸引投资的重点产业，以及经济发展的新支撑点。2021 年上半年，全国生态旅游游客量达 11.21 亿人次，较 2020 年上半年的 7.08 亿人次，增加了 4.13 亿人次，同比增加 58.33%。长假、小长假对生态旅游的拉动作用显著。其中，森林康旅成为助力生态旅游发展的重要业态，主要原因包括以下三点：一是对大自然的向往。随着城市化进程的加速，游客越来越渴望亲近自然、感受大自然的美好，而森林作为自然生态系统的重要组成部分，对游客具有很大的吸引力。二是健康意识的增强。游客对健康的关注度不断提高，生态旅游中的森林浴、户外运动等活动能够满足游客对健康生活方式的需求。三是旅游消费观念的转变。游客更加注重旅游的品质和体验，生态旅游强调与自然的互动和环境保护，符合现代人的消费观念。

（三）技术创新的驱动

技术创新是以创造新技术为目的的创新或以科学技术知识及其创造的资源为基础的创新。"中国创新指数（CII）研究"课题组研究设计了评价我国创新能力的指标体系和指数编制方法，并对 2005—2011 年中国创新指数（China innovation index，CII）及 4 个分指数（创新环境指数、创新投入指数、创新产出指数、创新成效指数）进行了初步测算。测算结果表明，自 2005 年以来我国创新能力稳步提升，在创新环境、创新投入、创新产出、创新成效四个领域均取得了积极进展。随着人工智能等新兴技术的快速发展，2022 年 12 月，智慧芽发布的《2022 年人工智能领域技术创新指数分析报告》指出，产业智能化转型已成为不可逆转的趋势，产业界已应用的人工智能技术主要有图像技术、人体与人脸识别、视频技术、语音技术、自然语言处理、知识图谱、机器学习和深度学习等。科技的快速进步，也为森林康旅带来了新的体验和互动方式，从而吸引了更多的游客。

森林康旅产业技术创新带来的机遇主要有以下五个：一是智能化技术的应用。物联网、大数据、人工智能等技术可以实现森林康旅的智能化管理和服务，从而提升游客体验。例如，森林康旅产业通过智能设备监测空气质量、温度等环境指标，为游客提供更加舒适的环境；通过利用智能导览系统，为游客提供个性化的旅游路线推荐。二是数字化技术的应用。数字化技术可以改善森林康旅产业的营销和服务。例如，森林康旅产业通过利用社交媒体、在线旅游平台等渠道进行推广，扩大市场影响力；通过数字化预订系统，提高服务效率和便利性。三是绿色技术的应用。绿色技术有助于森林康旅产业的可持续发展。例如，森林康旅产业通过采用可再生能源、节能减排技术，减少对环境的影响；通过研发环保材料，提高建设和运营过程中的生态友好性。四是虚拟现实和增强现实的应用。VR 和 AR 技术可以为游客带来全新的体验。例如，通过 VR 或 AR 设备，游客可以身临其境地感受森林生态，增强旅游的趣味性和教育性。五是医疗健康技术的应用。例如，森林康旅产业通过结合医疗健康技术（如中医药、康复理疗等），开发具有特色的森林康旅产品，从而满足游客对健康养生的需求。这些技术创新带来的机遇将为森林康旅产业注入新的发展动力，从而增强产业竞争优势，同时也有助于提升产业的附加值和可持续性。

四、本章小结

森林康旅产业迎来了重要发展机遇，游客健康意识的增强、旅游消费升级的需要、城市压力与环境问题，以及国家政策倡导与支持都为其提供了发展所需的时代背景。随着我国森林康养产业和森林旅游产业的深度融合发展，丰富的森林资源、便利的通勤设施、完善的配套条件、专业的服务团队和特色的康旅产品，为森林康旅产业的发展提供了系统性的条件支撑。面向未来，森林康旅产业在市场需求的增长、生态旅游的发展和技术创新的驱动三个方面都大有可为。随着游客对健康和生活质量的重视，对能够缓解压力、促进身心健康的旅游方式的需求不断增加，森林康旅凭借其天然的环境优势和丰富的康养项目，将吸引更多的游客。森林浴、森林冥想、森林瑜伽、森林食疗、森林运动康复等个性化和多样化的产品和服务，将吸引更多的消费人群。森林康旅产业是旅游产业与医疗、养生、文化、体育等产业在森林场域中的深度融合，能够促进森林康旅景区更多地参与到森林康旅的发展中，从而实现经济、社会和环境的可持续发展。总之，森林康旅产业未来的发展充满机遇，将成为旅游业的重要组成部分。

第二章　森林康旅产业的理论概述

一、森林康旅产业的内涵与外延

森林康旅产业是以丰富的森林景观、浓郁的森林文化、宜人的森林环境、健康的森林食品为依托，结合相应的休闲养生及医疗服务设施，为人们提供的有利于人体身心健康、延年益寿的森林游憩、度假、疗养、保健、养老、运动等各种旅游体验产品和服务的集合。

森林康旅产业的内涵主要包括以下五个方面：一是自然资源。森林康旅产业以森林生态系统为基础，涵盖了丰富的自然景观、清新的空气、优质的水源等自然资源。二是健康益处。森林康旅产业强调森林环境对游客身心健康的积极影响，如减轻压力、改善睡眠、增强免疫力等。三是旅游活动。森林康旅产业通过提供各种与森林相关的旅游活动（如徒步旅行、野营、观鸟、森林浴等），让游客亲近自然，体验大自然的美妙。四是文化体验。森林康旅产业通过融合当地的文化特色（如传统习俗、手工艺品制作、地方美食等），丰富游客的旅游体验。五是可持续发展。森林康旅产业注重森林资源的保护和可持续利用，以确保产业的发展与生态环境的平衡相协调。

森林康旅产业的外延则涉及与之相关的多个领域和产业，主要包括以下七个方面：一是旅游服务业。例如，酒店、民宿、餐饮、交通等服务业能够为游客提供便利的住宿和交通服务。二是健康产业。例如，养生保健、康复疗养、医疗等机构与森林康旅产业相结合，能够为游客提供更全面的健康服务。三是体育产业。例如，户外运动、健身活动等与森林环境相结合，能够为游客带来特色森林体育旅游产品。四是文化产业。例如，文化展览、艺术表演、手工艺品制作等活动能够丰富森林康旅的文化内涵。五是教育产业。例如，生态教育、自然科普等活动能够提高游客的环保意识和科学素养。六是生态农业。森林康旅产业可以与森林周边的农业资源相结合，不仅能发展无农残、无病虫害、无转基因等绿色安全的现代农业，还能发展农业观光、农产品采摘等农业体验项目。七是装备或加工制造业。森林康旅产业可以生产与森林康旅活动相关的产品或食品，如户外装备、监测仪器、生态食品等。

随着游客对健康生活需求的增加，森林康旅产业的内涵和外延还在不断扩展和丰富。这不仅有助于推动旅游业的转型升级，还能促进相关产业的协同发展，为经济增长和社会可持续发展做出贡献。

二、森林康旅产业的特点与分类

森林康旅产业是森林康养产业和森林旅游产业的深度融合，一般具有以下六个特点：一是生态性。森林康旅产业以森林生态环境为依托，以旅游体验为载体，强调对自然资源的保护和可持续利用。二是健康性。游客通过接触大自然和森林，能够获得疗愈，如缓解压力、改善睡眠、增强免疫力等。三是体验性。森林康旅产业注重游客的参与和体验，让其在森林中感受大自然的美妙，获得身心的放松和愉悦。四是多样性。森林康旅产业包括多种森林旅游活动（如徒步、野营、森林浴、观鸟等），能够满足不同游客的需求。五是季节性。森林康旅产业易受到季节和气候的影响，在不同的季节，森林康旅产业可以提供不同森林景观特色的旅游项目和体验。六是地域性。森林康旅产业与其特定的地理位置和森林资源密切相关，不同地区的树种特色能够直接影响当地森林康旅产业的特点和优势。

一般来讲，森林康旅产业可以按照以下四种方式进行分类：一是按照功能分类，森林康旅产业可以分为休闲娱乐型森林康旅产业、健康养生型森林康旅产业、科普教育型森林康旅产业等。二是按照地理位置分类，森林康旅产业可以分为城市周边森林康旅产业、山区森林康旅产业、海滨森林康旅产业等。三是按照产品类型分类，森林康旅产业可以分为森林度假旅居产业、森林休闲运动产业、森林美食体验产业、森林文化活动产业等。四是按照经营模式分类，森林康旅产业可以分为公立森林公园产业、私营森林度假产业、社区共建型森林度假产业等。

森林康旅产业的特点和分类方式有助于我们更好地理解和规划森林康旅产业的发展，以满足不同游客的需求，同时也有利于保护森林资源和推动森林康旅产业可持续发展。在实际发展中，森林康旅产业可以根据当地资源特色、市场需求和发展目标进行产品和服务的灵活组合和创新。

三、森林康旅产业的理论与联系

（一）生态系统服务

生态系统服务（ecosystem services）是指人类从生态系统获得的所有惠益，包括供给服务（如提供食物和水）、调节服务（如控制洪水和疾病）、文化服务（如精神、娱乐和文化收益）以及支持服务（如维持地球生命生存环境的养分循环）。人类生存与发展所需要的资源归根结底都源于生态系统。它不仅为人类提供食物、医药和其他生产生活原料，还创造与维持了地球的生命支持系统，形成了人类生存所必需的环境条件，同时还为人类生活提供了休闲、娱乐与美学享受。

国外生态系统服务理论的代表学者及其著作观点如下：一是罗伯特·康斯坦萨（Robert Costanza）。他是生态系统服务理论的重要推动者之一。他在 1997 年发表的《世界生态系统服务和自然资本的价值》一文中对生态系统服务进行了分类和评估，认为生态系统服务是人类从生态系统中获得的各种惠益，包括提供食物、水、空气，调节气候，维持生物多样性等。二是格雷琴·戴利（Gretchen Daily）。她是生态系统服务理论的另一位重要代表人物。她在 1997 年出版的《自然的服务：社会对自然生态系统的依赖》一书中系统地阐述了生态系统服务的概念、分类和价值评估方法，认为生态系统服务是人类社会生存和发展的基础，是自然资本的重要组成部分。三是保罗·克鲁岑（Paul Crutzen）。他是大气化学家和环境科学家，也是生态系统服务理论的重要贡献者之一。他认为人类活动已经成为地球生态系统的主导力量，人类需要采取积极的措施来保护和恢复生态系统服务。

国内生态系统服务理论的代表学者及其著作观点如下：一是李文华。他在《中国的自然保护区》《中国农林复合经营》《生态农业——中国可持续农业的理论与实践》《生态农业的技术与模式》等书中强调了生态系统服务的多样性和重要性，包括提供食物和水、净化空气、调节气候等；他还强调了生态系统服务的价值评估和可持续利用的重要性。二是傅伯杰。他在《生态系统服务与生态安全》《国家生态屏障区生态系统评估》《景观生态学原理及应用》等书中强调了生态系统服务与人类福祉的关系，以及生态系统服务在可持续发展中的作用；他还提出了一些生态系统服务评估和管理的方法和策略。三是欧阳志云。他在《区域生态规划理论与方法》《地理信息系统与自然保护区规划和管理》《中国可持续发展总纲：中国生态建设与可持续发展》《区域生态环境质量评价与生态功能区划》等书中强调了生态系统服务的价值和意义，以及生态系统服务在生态文明建设中的作用；他还提出了一些生态系统服务评估和管理的方法和策略。四是赵景柱。他在《中国可持续发展战略报告》一书中强调了生态系统服务的价值和意义，以及生态系统服务在可持续发展中的作用。

本书由生态系统服务理论联系到森林康旅产业，森林生态系统为人类提供了多种益处，如空气净化、气候调节、水源保护等，而森林康旅产业正是对这些生态系统服务的认知和利用。生态系统服务理论的发展不仅有助于游客更加重视自然环境，也为我们评估生态系统的价值及制定相关政策提供了科学依据。本书由生态系统服务理论中的四个重要因素分析森林康旅的作用：一是生态系统多功能性。森林生态系统具有多种功能和服务，如提供清新空气、调节气候、保持水土、保护生物多样性等。这些功能相互作用，共同维护着生态系统的稳定和健康。二是生态系统服务价值。森林生态系统所提供的服务具有经济价值，可以通过货币或非货币的方式进行评估和衡量。这有助于我们认识到森林康旅产业对地方经济和社会发展的贡献。三是生态系统健康状况。森林生态系统的健康状况对其提供的生态系统服务有着重要影响。森林的生态完整性和稳定性是确保其持续提供有益服务的基础。四是生态足迹。人类对自然资源的利用和消耗与生态系统承载能力之间有着紧密联系。森林康旅产业可以通过促进可持续的旅游方式，减少旅游对生态系统的过度压力。

生态系统服务理论提醒我们，发展森林康旅产业不仅要关注经济效益，还要注重维护和保护森林生态系统的功能和健康。通过合理规划和管理，森林康旅产业与生态系统能够实现良性互动，从而实现经济发展、社会福利和环境保护的多赢局面。同时，森林康旅产业也需要加强对生态系统服务的监测和评估，以便及时采取措施改善和保护森林生态系统的功能和健康。这可以确保森林康旅产业的可持续性，并使其成为促进人与自然和谐共生的重要途径。

常见的生态系统服务价值计算方法如表 2-1 所示。

表 2-1 常见的生态系统服务价值计算方法

方法	阐释
市场价值法	对于那些可以直接在市场上交易的服务（如木材、渔业资源等），可以直接采用市场价格进行计算
替代成本法	对于那些没有直接市场价格的服务（如土壤保持、水源涵养等），可以通过计算提供相同服务的替代成本来评估其价值
影子工程法	对于某些难以直接量化的服务（如空气净化），可以通过构建类似工程（如建造一个同样大小的森林来净化空气）的成本来估算其价值
当量因子法	这是一种将生态系统服务价值量化的方法，通过确定不同生态系统的当量因子，并将这些因子与对应生态系统的面积相乘，得到该生态系统的服务价值。这种方法需要考虑生态系统的多种服务功能，如供给服务、调节服务、支持服务和文化服务等

（二）旅游体验理论

旅游体验是游客通过与外部世界取得联系，从而改变并调整其心理状态的过程，也是游客在旅游中借助观赏、交往、消费等活动形式实现的一个时序过程。旅游体验过程是一个由一个个有特色和专门意义的情境串联组合而成的连续系统，最终构成有别于游客日常生活的另类行为。环境旅游期望是旅游体验过程中旅游体验质量的标尺。旅游体验理论与森林康旅产业之间存在密切的联系。旅游体验理论强调游客在旅游过程中的体验和感受，它认为旅游不仅是游客到达目的地和参观景点，还是其在整个旅游过程中所获得的身心体验。森林康旅产业则是以森林为基础，结合健康、休闲、养生等元素，提供给游客一种与自然相融合的旅游体验方式。常见的旅游体验类型如表 2-2 所示。

表 2-2　常见的旅游体验类型

类型	阐释
娱乐体验	娱乐体验是指在满足游客对基本的商品和服务需求的基础上，兼顾购物体验的全过程，它能充分满足游客的感官体验、情感体验、思考体验、身体和生活方式体验以及不同文化和社会追求的体验
教育体验	教育体验是指一种通过实践来认识事物的学习方式，它包括行为体验和内心体验两个层面。行为体验是一种实践行为，是亲身经历的动态过程；而内心体验则是在行为体验的基础上发生内化、升华的心理过程。这两种体验相互作用、相互依赖，对促进少年儿童的发展具有积极作用
审美体验	审美体验属于现代美学范畴，是指人在对审美对象的感受审辨中所达到的精神超越和生命感悟，是一种极为强烈的人格、心灵的高峰体验。该体验充分调动创作主体的情感、想象、联想等因素，通过对特定的审美对象进行审视与理解，形成艺术创作的基础和前提
逃避体验	逃避体验是指个体在面对现实生活中的矛盾和冲突时，选择逃避这些矛盾和冲突的心理现象。这种逃避可以是心理上的，也可以是行为上的，旨在避免或减少面对困难和压力时的不适感
移情体验	移情体验是指个体将自己内在的情感、态度或体验转移到他人或他物身上的体验。这种体验可以是对他人内心情绪的认知、觉察并形成相应的情绪反应，也可以是对历史人物内心世界的体验

　　国外旅游体验理论的代表学者及其著作观点如下：一是约翰·厄里（John Urry）。他在《游客的凝视》（The Tourist Gaze）一书中提出了"游客凝视"的概念，并强调旅游是一种社会建构的体验，游客会通过特定的方式并从特定的视角来观察和理解旅游目的地。二是米哈里·契克森米哈赖（Mihaly Csikszentmihalyi）。他在《心流：最优体验心理学》（Flow: The Psychology of Optimal Experience）一书中提出了"心流"的概念，他认为旅游体验是一种能够让人进入心流状态的活动，即游客在全神贯注地参与某项活动时所感受到的一种高度愉悦和满足的状态。三是埃里克·科恩（Erik Cohen）。他在《旅游体验现象学》（Phenomenology of Tourist Experiences）一文中运用现象学的方法来研究旅游体验，强调旅游体验是一种主观的、个人的感受和体验，受到游客的个人背景、文化价值观和旅游期望等因素的影响。四是尼尔·利珀（Neil Leiper）。他在《旅游系统：一个跨学科的视角》（The Tourism System: an Interdisciplinary Perspective）一书中提出了"旅游系统"的概念，并将旅游体验视为旅游系统的核心要素之一；他还强调旅游体验的质量和满意度对旅游目的地的可持续发展至关重要。

国内旅游体验理论的代表学者及其著作观点如下：一是谢彦君。他在《基础旅游学》一书中提出了旅游体验的定义和构成要素，并强调了旅游体验的主观性和个性化；他认为旅游体验是游客在旅游过程中对各种刺激产生的综合感受和反应，包括情感、认知、身体和社交等方面。二是吴必虎。他在《旅游规划原理》一书中强调了旅游体验的重要性，并提出了旅游体验的设计和管理方法；他认为旅游体验是旅游产品的核心，旅游规划应该以游客的需求和体验为导向，通过设计独特的旅游产品和服务来满足游客的期望。三是保继刚。他在《旅游地理学》一书中探讨了旅游体验与地理环境的关系，他认为旅游体验是游客在特定地理环境中的感受和体验，地理环境的特点和变化会影响游客的旅游体验；他提出了旅游体验的空间模型，并强调了旅游体验的空间分布和流动规律。四是邹统钎。他在《旅游目的地开发与管理》一书中强调了旅游体验的质量和满意度对旅游目的地的重要性；他认为旅游目的地应该通过提供优质的旅游产品和服务来满足游客的需求和期望，从而提高游客的旅游体验质量和满意度。

旅游体验理论可以指导森林康旅产业的发展和运营，这具体体现在以下五个方面：一是助力产品设计。根据旅游体验理论，森林康旅产业可以设计多样化的产品和活动，满足不同游客的需求和兴趣，如森林漫步、瑜伽冥想、森林SPA、森林研学等。二是提升服务质量。森林康旅产业应注重提升游客在森林康旅中的体验质量，通过提供优质的服务（如导览、解说、住宿、餐饮等），让游客感受到舒适和满足。三是做好环境营造。森林康旅产业通过营造独特的森林环境和氛围，增强游客的体验感；通过保护森林生态，创造宁静、美丽、舒适的环境，让游客能够与自然亲密接触，放松身心。四是鼓励游客参与。游客通过参与和互动，能更加投入到森林康旅活动中。例如，森林探索、手工制作、户外运动等活动能增加游客的参与度和体验感。五是满足个性化需求。森林康旅产业可以根据游客的个性化需求，提供定制化的森林康旅产品和服务，以满足不同游客的特殊需求和偏好。

综上所述，旅游体验理论为森林康旅产业提供了理论支撑和指导，帮助其更好地满足游客的需求，进而提升产业的质量和效益；同时，森林康旅产业也为旅游体验理论的实践提供了重要的场所和机会，促进了理论的进一步发展和完善。两者相互促进，共同推动了旅游业的可持续发展。

（三）健康促进理论

1986 年 11 月 21 日，世界卫生组织（WHO）在加拿大渥太华召开的第一届国际健康促进大会上首先提出了"健康促进"一词，它是指运用行政的或组织的手段，广泛协调社会各相关部门以及社区、家庭和个人，使其履行各自对健康的责任，共同维护和促进健康的一种社会行为和社会战略。学术界有关健康促进的研究理论和模型较多，常见的包括社会认知理论（social cognitive theory）、行为改变理论（theory of behavior change）、压力与应对理论（stress and coping theory）、健康公平理论（theory of health equity）、健康信念模型（health belief model）、健康素养模型（health literacy model）、健康行为生态学模型（model of health behavior ecology）等。这些理论和模型能够为健康促进实践提供理论基础和指导，从而帮助研究人员和健康专业人员设计和实施有效的健康促进干预措施。不同的理论和模型可以结合使用，以使我们更全面地理解和促进个体和群体的健康。同时，随着研究的深入，新的理论和模型也在不断发展和涌现。在实际应用中，根据具体的健康问题和目标群体选择合适的理论和模型来指导健康促进工作是非常重要的。

国外健康促进理论的代表学者及其著作观点如下：一是劳伦斯·格林（Lawrence Green）。他在《健康促进计划设计与评估》（*Health Promotion Planning：an Educational and Ecological Approach*）一书中提出了健康促进计划的设计和评估方法，并强调了教育和生态因素在健康促进中的重要性。二是肯尼斯·库珀（Kenneth H. Cooper）。他在《有氧运动》（*Aerobics*）一书中提出了有氧运动的概念和方法，并强调了有氧运动对身体健康的重要性；他认为有氧运动可以提高心肺功能、增强免疫力、降低血压和血糖等，是一种非常有效的健康促进方法。三是安东尼·J. 斯图尔特（Anthony J. Stewart）。他在《健康促进与健康教育》（*Health Promotion and Health Education*）一书中提出了健康促进和健康教育的概念和方法，并强调了健康促进和健康教育在提高游客健康水平中的重要性；他认为健康促进和健康教育应该以社区为基础，通过多种渠道和方法来提高游客的健康意识和健康行为。

国内健康促进理论的代表学者和机构及其著作观点如下：一是傅华。他在《现代健康促进理论与实践》一书中系统地介绍了健康促进的理论和实践，包括健康促进的概念、策略、方法和评价等方面。二是中国保健协会和国家卫生计生委卫生发展研究中心（现更名为"国家卫生健康委卫生发展研究中心"）。它们共同编著的《健康管理与促进理论及实践》一书详细阐述了健康管理与促进的理论基础和研究目的意义，包括健康管理与促进的概念、理论体系、国际经验与启示、核心体系架构、我国健康管理与促进现状及展望、推动健康管理与促进发展的建议等方面。三是中国健康促进与教育协会。该协会编著的《健康促进理论与实践》一书，提供了关于健康促进的理论和实践方面的知识。

2018—2023 年我国居民健康素养水平如图 2-1 所示。

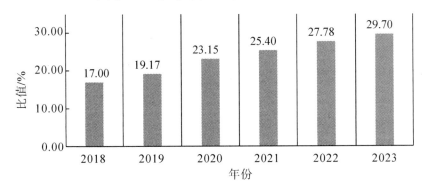

图 2-1　2018—2023 年我国居民健康素养水平

注：我国居民健康素养水平是指个人获取和理解基本健康信息和服务，并运用这些信息和服务做出正确决策，以维护和促进自身健康的能力。这一指标是衡量国家基本公共服务水平和人民群众健康水平的重要指标，反映了经济社会发展水平和人民群众的健康状况。

资料来源：作者根据国家卫生健康委员会网站相关数据绘制。

健康促进相关理论与森林康旅的联系主要体现在对森林康旅促进健康的理论指导上，其具体体现在以下五个方面：一是为游客在森林体验中缓解压力提供理论指导。从健康促进角度来讲，游客接触大自然可以减轻压力和焦虑，降低应激激素水平，从而改善心理健康状况。二是为自然环境有助于恢复游客健康提供理论支撑。健康促进理论强调自然环境能够帮助游客恢复精力和注意力，缓解身心疲劳，从而提升工作效率和生活质量。三是为在森林中进行运动有益健康提供理论阐释。健康促进理论强调在森林环境中适度地进行身体活动（如散步、徒步旅行等），对身体健康和心血管功能有益。四是为森林环境能促进心理健康治疗提供理论依据。森林环境可以作为一种非药物的心理治疗手段，帮助游客增强心理韧性和提升幸福感。五是为森林旅游生活可以调节免疫系统提供理论循证。健康促进相关循证医学研究表明，游客接触自然环境可能有助于其调节免疫系统功能，增强身体的抵抗力。

健康促进理论为森林康旅的实践提供了理论支持，解释了为什么自然环境对游客的健康具有积极影响。然而，需要注意的是，每个人的体验和健康受益可能因个体差异而有所不同。此外，这个领域的相关科学研究仍在不断深入，游客对森林康旅的理解也在不断深化。在实践中，综合考虑这些理论并结合实际情况进行科学研究和评估，有助于更好地设计和推广森林康旅产品，以满足游客对健康和幸福的需求。同时，保护森林生态系统的完整性和可持续性也是实现森林康旅长期效益的重要前提。

四、本章小结

本章阐释了森林康旅产业的内涵与外延、特点与分类、理论与联系，这对森林康旅产业发展具有以下四点积极推动作用：第一，有助于清晰理解森林康旅产业的核心概念、特点和运作模式。第二，有助于深入认识森林康旅产业独特的价值创造机制和发展规律。第三，有助于发现与森林康旅产业相关的交叉领域和产业协作机会。第四，有助于突破传统思维局限，从更广泛的视角审视资源利用和市场需求。本章从生态系统服务理论、旅游体验理论、健康促进理论出发，分别阐述了森林康旅产业的理论与联系。这为进一步指导森林康旅产业发展实践找到了理论依据，并具有以下四点正向推动作用：第一，有助于为森林康旅产业的规划、开发和运营提供科学的指导原则和方法。第二，有助于更准确地评估森林资源的价值和潜力，从而激发新的商业模式，以推动产业的多元化和差异化发展。第三，有助于明确森林康旅产业与其他相关产业（如医疗、养老、体育等）的关系和融合机制，从而促进产业间的融合发展。第四，有助于提高社会对森林康旅产业的认知和接受度，从而促进游客参与和消费。

第三章　森林康旅产业的产品构成

一、森林旅游观光产品

观光旅游产品是指游客以观赏和游览自然风光、名胜古迹、文物机构等为主要目的的旅游产品，世界上许多国家将其称为观景旅游产品。观光旅游产品包括山水风光、城市景观、名胜古迹、国家公园、主题公园及森林海洋等。观光旅游产品是一种传统旅游产品，其构成了现代旅游产品的主体部分。森林旅游观光产品是指以森林资源为基础，为游客提供观赏、体验、休闲等旅游活动的产品。森林旅游观光产品是森林康旅产业的重要组成部分。

（一）森林观景台（栈道）

森林观景台（栈道）是一种位于森林中的特定设施或地点，抑或是一段观赏森林风光的人工走廊，旨在为游客提供观赏森林景色和自然风光的良好视野和体验。它通常是一个较高的平台或建筑物，可以让游客登高远望，俯瞰森林的美景，远眺森林的全貌。森林观景台（栈道）的设计和位置选择通常会考虑以下五个因素：一是视野必须开阔。森林观景台（栈道）应该位于能够提供广阔视野的位置，使游客可以尽可能多地欣赏到森林的植被、山川、河流等自然景观。二是游客通行比较便利。森林观景台（栈道）应该易于到达，有良好的通道和标识，方便游客前往。三是确保森林观景的安全性。森林观景台（栈道）要结构稳固，符合安全标准，以确保游客的安全，尤其是护栏质量和步道防滑等细节问题，在建设时应该引起特别的重视。四是长时间观景的舒适性。森林观景台（栈道）一般会配备座椅、栏杆等设施，特别是针对老龄观景游客，还可以配备一些辅助观景设施，以便他们可以更舒适地观赏景色。五是观景知识教育的展示标识或视听系统。一些森林观景台（栈道）还设有解说牌或信息展示设施，甚至配备了现代化的视听介绍系统或智慧展示系统来介绍森林的生态、植物、动物等相关知识，以增加游客对自然环境的了解。

森林观景台（栈道）不仅为游客提供了欣赏美丽景色的机会，还能让游客更亲近大自然，感受森林的宁静和魅力。它既可以是一个热门的旅游景点，吸引游客前来拍照留念，也可以是一个供游客休闲散步、放松身心的地方。森林观景台（栈道）在建设和使用时，都需要注意保护森林的生态环境，避免对自然景观造成破坏。另外，游客也要遵守相关的规定和指引，确保自身的安全和舒适。森林观景台（栈道）的设立，可以促进森林保护和可持续发展，同时也可以为游客提供与自然互动的美好体验。

（二）森林公园

森林公园是一种以森林为主题的自然保护区或公园，一般位于城市边界或远郊区域，以森林和野生动植物资源及其外部物质环境为依托，具有景观、游憩、科普教育等功能。其旨在保护和展示森林生态系统，并为游客提供休闲、娱乐和教育的场所。森林公园通常具有以下五个特点和功能：一是划定区域对森林进行保护。森林公园的首要任务是保护森林生态系统的完整性和多样性。森林公园通过设立保护区、限制开发和采取保护措施，确保森林的生态平衡和可持续发展。二是拥有多样化的原生态自然景观。森林公园拥有丰富的自然景观，如茂密的森林、清澈的溪流、高山草甸等。这些景观为游客提供了欣赏大自然美景和亲近自然的机会。三是方便游客开展安全和舒适的休闲活动。游客可以进行各种休闲活动，如登山、野餐、露营、观鸟等。这些活动有助于游客放松身心，享受户外活动的乐趣。四是提供面向大自然教育的知识功能。森林公园可以作为教育或研学基地，通过解说牌、科普展览、生态导览等方式，向游客传播有关森林生态、环境保护、自然历史等方面的知识，提高游客的环保意识和生态文明素养。五是为游客提供促进健康的重要场所。呼吸新鲜空气、接触大自然对游客的身心健康有益。

森林公园为游客提供了一个远离城市喧嚣和压力的环境，有助于其缓解焦虑和疲劳，促进身心健康。为了保护森林公园的生态环境和促进其可持续发展，森林公园管理机构通常会有相关规定，如限制游客数量、禁止野外用火、保护野生动植物等。同时，森林公园管理机构也会鼓励游客积极参与森林保护和管理，共同呵护这一宝贵的自然资源。不同地区的森林公园可能具有独特的特色和吸引力，如著名的黄山国家森林公园、张家界国家森林公园等。游客可以通过参观森林公园，感受大自然的魅力，增强对环境保护的意识，并与自然和谐共生。部分世界代表性森林公园如表3-1所示。

表3-1 部分世界代表性森林公园

名称	简介
中国张家界国家森林公园	该公园以其独特的石柱和峡谷而闻名，这里不仅是自然景观的杰作，还曾是电影《阿凡达》中潘多拉星球的灵感来源之一
德国黑森林	该森林以其茂密的树木和神秘的氛围著称，不仅是一个休闲胜地，还分布着天然温泉。这片森林的树木距离非常近，甚至在树木最密集的地方，白天也像是黑夜一样，阳光根本无法穿过由树叶构成的层层屏障
中国西双版纳国家森林公园	该公园以其丰富的生物多样性和热带雨林环境而闻名。这里气候温暖湿润，树木葱茏，是许多珍禽异兽的家园，同时也是探索和研究生物多样性的重要地点
日本嵯峨野竹林	该竹林因其美丽的竹林景观和悠闲的氛围而在世界上享有盛名
美国通加斯国家森林公园	该公园位于美国阿拉斯加州东南部，是美国最大的国家森林，面积达69 000平方千米，是许多珍稀动植物的家园。公园为游客提供了丰富的娱乐项目，如划船、露营、徒步旅行和钓鱼等

（三）野生或人工饲养动物观察

野生或人工饲养动物观察是一项令游客兴奋和有益的活动，它让游客有机会近距离观察和了解自然界中各种神奇的动物。我国是世界上动物资源最丰富的国家之一。中国动物区系以西起喜马拉雅山—横断山北部—秦岭山脉—伏牛山—淮河与长江间一线分为两界：以北地区以温带、寒温带动物群为主，属古北界；以南地区以热带动物群为主，属东洋界。其实，东部地区地势相对平坦，没有大的地理间隔，而西部横断山脉呈南北走向，山脉间有河流谷地等通道。因此，两界动物相互渗透混杂的现象比较明显。

野生或人工饲养动物观察需要注意以下七点：一是选择便于观察动物的合适地点。例如，自然保护区、国家公园、其他野生动物保护区或者人工饲养动物观察点，这些地点通常有丰富的动物种类和较好的观察条件。二是了解动物的习性。游客在观察动物前可以先学习一些关于目标动物的基本知识，包括它们的栖息地、活动时间、行为、食性等。这有助于游客找到观察目标动物的最佳地点和时机并更好地理解它们的行为。三是保持安静和隐蔽。野生动物长期处于野生环境，它们对声音和人类很敏感；而人工饲养动物对人类活动也具有较高的警惕性。因此，游客在观察动物时应尽量保持安静，避免突然的动作和噪声，以免惊扰动物；同时还应选择合适的服装，尽量与周围环境融合，减少对动物的干扰。四是使用适当的观察工具。望远镜和相机是常见的观察工具，望远镜可以让游客更清晰地观察远处的动物，而相机可以记录下珍贵的瞬间，但使用时要注意不要对动物造成干扰。五是尊重动物的生存空间。游客在观察动物时，要遵守保护区的规定和道德准则，注意保持适当的距离，不要追逐、干扰或捕捉动物，让动物在自然环境中自由生活。六是注意安全。游客在观察野生动物时，要注意自身安全，应了解当地环境和潜在危险，如陡峭的地形、野生动物的攻击性等，同时不要独自进入危险区域。七是耐心和专注。野生动物观察需要耐心和专注，有时候可能需要等待一段时间才能看到目标动物，不要急于求成。游客通过观察野生动物，可以更深入地了解自然世界的奥秘，感受大自然的美丽和神奇。同时，游客也要记得保护野生动物及其栖息地，让它们能够继续在地球上繁衍生息。

儿童可互动的常见人工饲养动物（非家禽类）如表3-2所示。

表3-2　儿童可互动的常见人工饲养动物（非家禽类）

名称	简介
羊驼	羊驼是一种非常友好和可爱的动物，通常生活在南美洲的草原和山区。它们喜欢吃草和树叶，性格温顺，非常适合与人类互动
兔子	兔子是一种非常可爱和温顺的动物，通常生活在草原和森林中。它们喜欢吃草和蔬菜，喜欢运动和玩耍
松鼠	松鼠是一种非常活泼和可爱的动物，通常生活在森林和山区。它们喜欢吃坚果和种子，善于攀爬和跳跃
袋鼠	袋鼠是一种非常有趣和独特的动物，通常生活在澳大利亚和新西兰的草原和森林中。它们喜欢吃草和树叶，善于跳跃和奔跑
长颈鹿	长颈鹿是一种非常高大和独特的动物，通常生活在非洲的草原和森林中。它们喜欢吃草和树叶，非常善于利用它们长长的脖子来获取食物

表3-2(续)

名称	简介
环尾狐猴	环尾狐猴是一种昼行性的哺乳动物,分布于马达加斯加岛南部和西南部的干燥森林和丛林中。它们有11~12个黑白相间的圆环长尾,是非常呆萌可爱的动物
水豚	水豚是一种半水栖的食草动物,也是世界上最大的啮齿动物。它们通常生活在群体中,喜欢与同伴一起活动和觅食,展现出友善、合作的行为。水豚的性格特点包括温和友善、对新事物充满好奇等,同时也具有一定的保护性和敏感性,能够在面对潜在威胁时表现出警惕和防御性
象龟	象龟以其庞大的体型和缓慢的移动速度而闻名。它们是长寿的动物,能够在极端环境中生存,并且以其坚韧的生命力著称
鹦鹉	鹦鹉以其鲜艳的羽毛和模仿人类语言的能力而著称。它们是聪明且活泼的鸟类,能够学习并模仿人类的语言和声音,因此常被游客饲养作为宠物。鹦鹉的这种能力使得它们成了人类的好伙伴
水獭	水獭是一种半水生哺乳动物,以其灵活的身体和出色的游泳能力而著称。水獭通常在水中捕食鱼类和其他水生生物,同时也能够在陆地上灵活移动

(四)植物观赏

植物观赏是一种有益身心的活动,它可以让游客欣赏到大自然中丰富多彩的植物世界,使其感受到非常愉悦。我国幅员辽阔,地形复杂,气候多样,植被种类丰富,分布错综复杂。东部季风区有热带雨林、热带季雨林、中(南)亚热带常绿阔叶林、北亚热带落叶阔叶常绿阔叶混交林、温带落叶阔叶林、寒温带针叶林、亚高山针叶林、温带森林草原等植被类型。西北部和青藏高原地区有干草原、半荒漠草原灌丛、干荒漠草原灌丛、高原寒漠、高山草原草甸灌丛等植被类型。我国植物种类繁多,是世界上植物资源最丰富的国家之一。此外,我国还有品种丰富的栽培植物,如有用材林木、药用植物、果品植物、纤维植物、淀粉植物、油脂植物、蔬菜植物等。

森林植物观赏需要注意以下五点:一是选择合适的时间。不同植物在不同季节会展现出不同特点。游客在观赏植物前可以先了解植物的花期和生长季节,以便选择在最佳的时间进行观赏,这样可以看到植物最美丽的一面。二是研究植物所在的森林地区。游客在观赏植物前可以通过查看相关的指南、地图或旅游信息,了解相关森林地区有哪些特别的植物景点或植物园，以便规划好观赏路线。三是注意观察植物细节。游客通过仔细观察植物的形状、颜色、纹理、气味等特征，可以更好地欣赏不同植物的独特之处。四是了解植物的名称和特征。游客可以通过阅读植物图鉴、参加植物讲解活动或与专业人士交流，学习常见植物的名称和特征，这样在观赏时可以更准确地识别它们。五是注意保护植物生态。游客在观赏植物的过程中，要遵守森林公园或保护区的规定，保护植物的生长环境，不随意采摘植物、不践踏草坪。植物观赏不仅可以带给游客美的享受，还可以让游客更加关注和保护自然环境。

（五）森林音乐会和演出

森林音乐会和演出是一种将音乐与自然环境相结合的特殊观光体验。全球范围内，森林音乐会作为一种独特的文化现象，吸引了众多音乐爱好者的关注。其中，柏林森林音乐会和零碳森林音乐会是两个备受瞩目的例子。柏林森林音乐会创办于 1989 年，是世界上最知名的森林音乐会之一。该音乐会每年 6 月在柏林西郊外的瓦尔德尼森林剧场举行，已经成为柏林夏季的文化盛事，吸引了来自世界各地的音乐爱好者和游客。柏林森林音乐会由柏林爱乐乐团与世界顶尖指挥家合作，是具有国际影响力的古典音乐会，多年来为游客呈现了一场又一场视听盛宴。零碳森林音乐会创办于 2010 年，截至 2024 年年底，已举办了十四届。其中，第十四届零碳音乐会是在北京西山国家森林公园举行的，由北京交响乐团和著名指挥家谭利华合作，给游客带来了精彩的演出。这场音乐会在松涛阵阵与落日余晖中举行，让人感受到人与自然和谐共生的美好。

森林音乐会和演出需要注意以下七点：一是活动需要融入自然环境。森林提供了一个独特的演出场地，游客可以在大自然的怀抱中欣赏音乐。森林环境为音乐会和演出增添了一种宁静和与自然相融合的感觉。二是活动需要突出户外体验。森林音乐会和演出能让游客亲近大自然、呼吸新鲜空气、感受阳光和微风。这种户外体验可以给游客带来一种轻松和愉悦的氛围。三是需要独特的声学效果。森林的自然声学环境可能会给音乐会和演出带来独特的声音效果。树木和自然空间可以反射和吸收声音，创造出与室内演出不同的音响效果。这些效果会给参与活动的游客带来不一样的体验感受。四是需要亲近自然的表演。表演者可以利用森林的自然元素来增强音乐会和演出的艺术性，并为游客提供与自然更亲密的互动机会。例如，与自然声音相结合的音乐创作，或者利用草地、树木等作为舞台、布景或装饰。五是需要多样化的节目。森林音乐会和演出可以包括各种音乐类型和演出形式，如古典音乐、民间音乐、爵士乐、摇滚乐、舞蹈、戏剧表演或其他艺术形式的演出。六是注意安全。游客在参加森林音乐会和演出时，要遵守场地的规定，还要注意地形和天气条件，确保自己的舒适和安全。七是尊重和保护森林的生态环境。游客不要随意破坏植物或干扰野生动物；在活动期间要保持场地的整洁，不乱扔垃圾。另外，组织者可能会采取措施减少音乐会和演出对森林的影响，并鼓励游客参与环保互动。

森林音乐会和演出为游客提供了一种与自然相连接的独特音乐体验。它们不仅是艺术表演，也是与大自然融合的美妙时刻，能让游客在欣赏音乐的同时感受大自然的魅力。这样的活动可以带给游客身心的放松和愉悦，同时也增强了游客的环保意识。

（六）森林露营

森林露营是一种亲近自然、享受户外生活的有趣方式。部分世界代表性森林露营地点如下：一是环太平洋国家公园。该公园位于加拿大温哥华岛西海岸，这里的自然风光由沙滩、雨林、岩石岛屿共同组成，是户外露营的好去处。游客可以在长滩享受沙滩漫步，体验冲浪、骑自行车等项目；可以在西海岸标志性的75千米步道挑战越野小径徒步旅行；可以前往布罗肯群岛的避风港湾和贝壳海滩享受一日或一夜的露营。二是塔塔鲁加营地。该营地位于希腊扎金索斯岛，坐落在橄榄树之间，面向美丽的海岸线。在这里，游客可以享受阳光浴，观赏浪漫海景，还能在专业人士的指导下体验潜水，探索神秘的珊瑚礁和海洋生物。三是卡拉列瓦多营地。该营地位于西班牙托萨德马岛和马尔勒塔之间的海滩旁，距离海滩仅几步之遥。这里提供了靠近自然的舒适露营服务，游客可以欣赏到科斯塔布拉瓦如蓝宝石般的海水，还可以进行潜水、划独木舟、迷你高尔夫等休闲活动。四是 fumotoppara 露营地。该营地位于日本富士山脚下，是日本露营的热门之选。游客可以选择搭乘巴士或出租车前往，到达后在自己喜欢的地方扎帐篷。清晨，游客可以近距离观赏富士山的景致变化，感受那平和宁静的氛围。五是撒丁岛。该岛位于意大利，是有着绚丽海滩风光的露营地。游客可以在享受完米兰的时尚与艺术氛围后来到撒丁岛，在海边扎营，感受阳光、沙滩和海浪带来的惬意。这些露营地不仅为游客提供了丰富的户外活动和美丽的自然景观，还让游客有机会深入接触并享受宁静与美好的大自然。

森林露营需要注意以下八点：一是选择合适的营地。游客在露营前要了解当地的规定，寻找一个安全、合法且适合露营的森林区域，避免进入禁止露营的区域。二是准备必要的露营装备。游客在露营前要准备好帐篷、睡袋、防潮垫、炉具、餐具、照明设备等露营必备物品，同时还要携带足够的衣物、食品、饮用水和必要的药品。三是注意露营的时间和天气情况。游客要选择合适的时间进行森林露营，尽量避免在旺季前往；同时，在出发前要查看天气预报，根据天气情况做好相应的准备。如果可能出现恶劣天气，应考虑调整露营计划或准备应对措施。四是携带充足的食物和寻找水源。游客要携带足够的，且易于保存的食物；同时还要在露营地点附近寻找可靠的水源，并注意保持水源的清洁。五是在安全区域建立营地。游客要选择平坦、干燥的地方搭建帐篷，避免在森林低洼地区或靠近河边地区搭建帐篷。另外，游客还要确保营地周围没有明显的危险，如陡峭的山坡、松动的岩石等。六是确保火源安全并注意森林防火。游客要遵守防火规定，在森林中使用炉具等时也要格外小心。另外，游客在睡觉或离开营地前，要确保火源完全熄灭，避免人为因素导致森林火灾。七是尊重并保护森林环境。游客要遵循"无痕"原则，不随意破坏植物和生态；同时带上必要的卫生用品（如卫生纸、洗手液、垃圾袋等），尽量保持营地的整洁，避免对环境造成污染，并且在离开时将垃圾带走，保持自然的原始状态。八是注意自身安全。游客要了解周围的环境和可能存在的危险，避免独自进入偏僻区域，远离凶猛的野生动物、有毒的昆虫等；还要了解当地的紧急救援电话和求救方法，提前做好应对紧急情况的准备。另外，初次露营的游客最好与有经验的伙伴一起前往，或者提前参加露营培训活动，学习基本的露营技能和知识。总之，游客在进行森林露营前要做好充分的准备和计划，以确保拥有一次安全、愉快的森林露营体验。同时，游客也要尊重自然、保护环境，共同呵护森林资源。

（七）季节性森林景观

季节性森林景观是指森林在不同季节所展现出的独特景色和变化。在不同的季节，森林景观的特点如下：一是春季。这时的森林开始复苏，新叶初长，花朵盛开，给人以清新、生机勃勃的感觉。在春季，一些森林地区会盛开各种花卉（如樱花、杜鹃花、桃花等），形成绚丽多彩的花海景观。二是夏季。这时的森林通常郁郁葱葱、树叶茂密，阳光透过树叶间的缝隙洒下，营造出斑驳的光影效果。此外，夏季也是许多野生动物活跃的时期，人们能听到更多的鸟鸣声和看到其他动物的踪迹。夏季时，森林中的树木枝叶繁茂，形成一片片绿荫，能为游客提供荫凉的环境和清新的空气，让游客在炎热的天气中感受到凉爽和舒适。三是秋季。这时的森林层林尽染，枫树、银杏等树木的树叶逐渐变成红色、金黄色或橙色，形成绚丽壮观的秋景。落叶在地上堆积，踩上去会发出嘎吱嘎吱的声音。秋季的空气通常较为清爽，给人一种宁静而美好的感觉。四是冬季。这时的森林可能被白雪覆盖，形成银装素裹的景象。地上铺满了雪花，树枝上挂满了冰霜，这时的森林显得静谧而庄严，给人一种宁静和神秘的感觉。

我国代表性特色森林如表 3-3 所示。

表 3-3　我国代表性特色森林

森林名称	主要特色
天山雪岭云杉林	雪岭云杉是天山林海中特有的一个树种，它在巍巍天山深处展现出苍劲挺拔、四季青翠的风貌，攀坡蔓生，形成绵延不绝的森林
长白山红松阔叶混交林	红松是著名的珍贵经济树木，它的树干粗壮，大得两个人手拉手都抱不过来；树高入云，挺拔顺直，是天然的栋梁之材
尖峰岭热带雨林	尖峰岭拥有复杂多样的生态系统，包括森林、湿地、草地、山地和沟谷等多种生态环境类型。这为众多动植物提供了生存繁衍的空间，使得尖峰岭成为生物多样性的宝库
白马雪山高山杜鹃林	白马雪山位于横断山脉中段、云岭北段，是澜沧江和金沙江的分水岭。高山杜鹃林是其植被组成的重要部分，杜鹃花的种类繁多，包括金背杜鹃、银背杜鹃等
波密岗乡林芝云杉林	波密岗乡林芝云杉林位于西藏东南部，地处念青唐古拉山与喜马拉雅山交界处的波密县。波密岗乡林芝云杉林的景观极为壮观，树木高耸挺拔，郁密粗壮，有些树干直径可达 2 米，树高 80 米，每公顷立木蓄积量堪称世界之最
西双版纳热带雨林	西双版纳热带雨林具有丰富的植物多样性，是我国热带植物资源的重要宝库。这些植物群落从林冠到林下，大小树木皆俱，彼此互相套叠，高矮搭配，错落有致，构成五到六个植物层次
轮台胡杨林	胡杨林有"第三纪活化石"的美称，而轮台胡杨林是世界上保存最完整、林相最好的胡杨林之一。它拥有 40 余万亩的天然胡杨林，是塔里木河流域典型的荒漠森林草甸植被类型，从上游河谷到下游河床均有分布

表3-3(续)

森林名称	主要特色
荔波喀斯特森林	荔波喀斯特森林位于贵州南部,是中国乃至世界上罕见的中亚热带喀斯特原生性较强的残存森林,具有丰富的生物多样性,是"世界同纬度上最后一块绿宝石",保存了大量的特有濒危动植物及其栖息地,代表了大陆型热带-亚热带锥状喀斯特的地质演化和生物生态过程
大兴安岭北部兴安落叶松林	大兴安岭北部的兴安落叶松林是我国唯一的寒温带落叶针叶林分布区,这里的兴安落叶松林具有覆盖度大、组成较纯、成熟林和过熟林比重大(约占75%)等特点。这种森林生态系统不仅在生态上具有重要意义,而且因其独特的自然美景,被评为中国最美十大森林之一
蜀南竹海	蜀南竹海是世界上集中面积最大的天然竹林景区之一,拥有7万余亩楠竹,覆盖了27条峻岭、500多座峰峦,形成了浩瀚壮观的竹海景观

不同季节的森林中会有不同的水果和坚果成熟(如秋季的苹果、板栗等),这些不同季节的水果和坚果也是季节性森林景观的一部分。一些候鸟会在季节性的时间迁徙,经过森林地区。候鸟的迁徙也是一种独特的季节性森林景观。在春季或夏季,冰冻的河水解冻,形成壮观的瀑布和溪流景观,水声潺潺,给森林带来了生机和活力。在夏季的夜晚,一些夜行动物,如萤火虫、猫头鹰等会更加活跃,观察它们的活动可以体验到夜间森林的神秘和奇妙。这些只是一些常见的季节性森林景观,实际上还有很多其他的特点和景观;另外,每个地区的森林也都有其独特之处。走进森林,亲身感受季节的变化,会给游客带来与大自然亲密接触的美好体验。同时,保护森林环境对于维护这些季节性景观的美丽和生态平衡至关重要。欣赏季节性森林景观可以让游客感受大自然的魅力和变化。当然,游客也有义务保护森林生态系统,珍惜自然资源。

(八) 森林夜景灯光秀

森林夜景灯光秀是一种将灯光艺术与森林景观相结合的活动或景观设计。它通过特殊的灯光设置和光影效果,营造出神秘、浪漫、奇幻、迷人的氛围,为观众带来独特的视觉体验。在森林夜景灯光秀中,灯光设计师会利用各种灯具、灯光装置、投影技术和特效灯光,照亮森林中的植物、小径、岩石等自然元素。灯光的颜色、亮度、动态效果和图案可以根据不同的主题和创意进行设计,以营造出多样的视觉效果。这样的灯光秀可以有多种目的：它可以作为一种艺术展示，为游客提供欣赏和体验艺术的机会；也可以作为旅游景点或活动的一部分，吸引游客前来观赏；还可以用于庆祝特定的节日、活动或纪念重要的事件。森林夜景灯光秀的魅力在于它能够将自然景观转化为令人惊叹的艺术作品。游客可以在夜晚走进森林，感受灯光与自然的融合，体验到与白天截然不同的氛围和美感。这样的活动不仅能够增强森林的吸引力，也为游客提供了一个与自然互动和欣赏森林夜晚美景的机会。例如，浦口老山大型森林灯光秀、三台山森林灯光节、惠斯勒夏日夜间光影秀以及西棎湖趣露营地"森林秘境光影秀"。浦口老山大型森林灯光秀以唯美灯光秀和沉浸式体验夜光主题为特色，通过光影秀体现科技与建筑结合的奇妙，拥有很多夜光主题和感光互动设计，让游客感受到沉浸式全息光影魅力。三台山森林灯光节在每晚7点到10点举行，通过多种主题灯光的巧妙点缀，唤醒沉睡的森林夜景，使其变得活跃灵动。灯光节活动包括"昆虫秘境""海洋传说""动物王国"和"国潮灯组"，为游客提供浪漫夜游体验。惠斯勒作为世界知名滑雪胜地，在夏季会举办夏日夜间光影秀，为游客提供独特的夜间体验。西棎湖趣露营地"森林秘境光影秀"以昆虫秘境仙踪为主题，灯光秀足足有3千米长，运用全息投影、气雾森林、北极光影等多种灯光效果，打造梦幻光影效果，为游客提供沉浸式的灯光体验。

策划和实施森林夜景灯光秀需要注意以下七点：一是要对森林进行生态保护。策划方要确保灯光秀不会对森林生态系统造成损害，要避免直接照射树木和植物，以免影响它们的生长；要选择低能耗、环保的灯具，并合理设置灯光的强度和颜色。二是不要影响野生动物生存。策划方要了解森林中野生动物的活动规律，避免灯光秀对它们的生活和迁徙造成干扰；避免使用强烈的闪光或高频灯光，以免惊扰动物。三是要注意用电通路和游客的安全。策划方要确保电线、电缆不会因老旧、破损等产生不安全因素；要设置明显的路径和标志，提供良好的照明条件，以防止游客迷路或摔倒；要检查和维护电气设备，确保其安全性。四是要将灯光设计与文化艺术融入。策划方要精心设计灯光效果，使其与森林的自然景观相融合，特别是与一些主题文化艺术相融合；要避免过度亮化，保持森林的自然美感；要考虑不同角度和高度的观赏效果，创造出丰富多样的视觉体验。五是低碳和节约导向的能源管理。策划方要考虑节能措施，尽量使用高效能的灯具和控制系统；要合理安排灯光秀的时间和强度，避免能源浪费。六是获得地方政府的许可。策划方要了解并遵守林区的相关法规和许可要求，包括灯光使用、场地使用、安全标准等方面。七是重视突发事件的应急预案的制订。策划方要制订应急预案，以应对可能出现的电力故障、火灾或其他紧急情况；要确保有足够的紧急出口和疏散通道。如果做好了以上七点，策划方设计的森林夜景灯光秀既能够给观众带来美妙的体验，又能够保护森林的生态和文化价值。在策划和实施过程中，策划方应与专业的灯光设计师、环保专家和当地相关部门合作，以便更好地实现这些目标。

二、森林体育运动产品

体育运动是指在人类发展过程中逐步开展起来的有意识地提高自身身体素质的各种活动，包括走、跑、跳、投以及舞蹈等多种形式的身体活动。这些活动就是游客通常所说的身体练习过程。其内容丰富，有田径、球类、游泳、武术、健美操、登山、滑冰、举重、摔跤、柔道、自行车等多种项目。森林体育运动产品是指以森林地区为主要空间载体，充分利用森林的自然环境、地形地貌等资源，开展的一系列森林运动活动。这些活动旨在利用森林的自然环境和特点，为游客提供亲近自然、享受森林氧吧的健康体验，同时推动森林生态资源和体育休闲运动的融合发展。常见的森林运动活动有乐跑、趣跑、畅跑等，让游客既能饱览大自然美景，又能通过户外体育运动收获健康和快乐。

（一）森林徒步和远足

森林徒步和远足都是在自然环境中进行的户外活动，它们有一些相似之处，但也有一些微妙的区别。森林徒步通常是指在森林或类似的自然区域中进行的步行活动。参与者可以沿着小径、步道徒步或自己探索森林，享受大自然的美景、呼吸新鲜空气，并观察周围的植物和动物。森林徒步可以是一次轻松的散步，也可以是更具挑战性的长途徒步，取决于个人的兴趣和体能水平。远足则更广泛地涵盖了在各种自然地形中进行的步行活动，远足的地区不仅包括森林，还可以包括山区、草原、海滨等地。远足的目的是休闲、锻炼、探索新地方或者与朋友共度时光。远足的距离和难度可以根据个人的选择而有所不同，有些人可能会进行一日的短途远足，而有些人则会挑战更长的多日远足。部分世界代表性森林徒步线路如表 3-4 所示。

表 3-4　部分世界代表性森林徒步线路

名称	简介
中国南岭国家森林步道	该步道途经广东、江西、湖南、广西四省区，全长 3 016 千米，以其丰富的自然景观和历史文化背景著称
西班牙巴斯克地区奥扎雷塔森林徒步线路	苔藓覆盖的表面，浓雾笼罩的大气，奇形怪状的古树
哥斯达黎加蒙特沃德云雾森林徒步线路	该线路拥有丰富的动植物群，包括多种候鸟、爬行动物、两栖动物，以及世界上种类最多的兰花
巴西亚马孙热带雨林徒步线路	亚马孙热带雨林是地球上最大的热带雨林，是美洲虎、亚马孙河豚、巨嘴鸟等动物的家园
马来西亚金马仑高原徒步线路	长满青苔的森林，盛产苔藓、蕨类植物、地衣和兰花
波兰 Nowe Czarnowo 弯曲森林徒步线路	J 形松树形成的奇特氛围，至今仍是一个谜
也门索科特拉岛徒步线路	该线路拥有龙血树等独特植物，岛上地貌独特，仿佛外星世界
美国洪堡红杉州立公园徒步线路	该线路将带你邂逅世界上最高的十棵树中的三棵

森林徒步和远足需要注意以下九点：一是做好徒步和远足的计划和准备。游客在进行森林徒步或远足前要了解目的地的地形、天气和路线，并准备必要的装备和物资，如合适的鞋子、衣物、背包、水壶等。二是告知家人森林徒步和远足的计划行程。游客要告诉家人徒步计划，包括路线和预计返回时间，这样在游客失联或遇到紧急情况时，家人可以通过森林徒步或远足所在地的当地相关管理机构联系游客或寻求其他帮助。三是注意出行当天森林目的地的天气。游客要提前查看天气预报，避免在恶劣的天气条件下进行徒步。如果遇到暴雨、雷暴或其他危险天气，要及时寻找安全的地方躲避。四是学会使用地图和导航。游客要携带地图或使用导航应用程序，确保了解路线和方向；要注意标志和路标，遵循指定的徒步路径。五是评估身体状况。游客要评估自己的身体状况，确保有足够的体力和良好的健康状况来完成徒步。如果游客有健康问题，最好事先咨询医生

的意见。六是带上足够的食用物资。游客要带上足够的水和食物，以保持身体水分和能量补充。七是增强森林徒步或远足的安全意识。游客要注意自身安全，小心行走，避免滑倒或摔倒；要注意休息和调整步伐，避免过度疲劳；要了解基本的急救知识和应急处理方法，携带必要的急救用品；要注意周围的环境，避免与野生动物接触；要遵守徒步规则和警示标志。八是尽可能团队行动。多人徒步时，游客要尽可能保持团队行动，互相照顾和互相提醒。九是尊重和保护环境。游客在徒步和远足过程中要尊重自然环境，不随意破坏植物和生态；要注意当地的规定和禁令，不进入限制区域或破坏自然保护地；要遵循"无痕"原则，离开时带走垃圾，保持森林的整洁。

总的来说，森林徒步更强调在森林环境中的体验，而远足则更广泛地指代在自然环境中的步行活动。这两种活动都能让游客亲近大自然，锻炼身体，放松心情，并欣赏到美丽的风景。森林徒步和远足都可以带给游客与自然连接的愉悦和益处。

（二）森林跑步和越野跑

森林跑步和越野跑都是在户外进行的跑步活动，但它们在环境和特点上有所不同。森林跑步是在森林或类似自然环境中进行的跑步。它与在城市或体育场等人工环境中跑步有所不同。在森林中跑步，游客会穿越树木、草地、小径和山丘等自然地形。这种自然环境能让游客呼吸到新鲜空气、欣赏到森林美景、感受到大自然的宁静与生机。越野跑则是一种更具有挑战性的户外跑步形式。它通常涉及在各种不同的地形上跑步，包括山地、丘陵、泥泞小径、石头路等。越野跑可能需要爬坡、下坡、跨越溪流、跳过障碍物等。相较于森林跑步，越野跑的地形更加多样化和复杂，对跑者的体能、技术和适应能力要求更高。无论是森林跑步还是越野跑，都能给游客带来一些有益身心健康的好处，如提升体能、减轻压力、改善心情和精神状态、增强意志力等。

森林跑步和越野跑需要注意以下六点：一是选择合适的鞋子。游客要选择具备良好的抓地力和支撑性的鞋子，以适应不同的地形。二是了解路线和环境。游客在跑步前要提前了解跑步路线；在跑步中要注意安全标志和可能的危险区域，特别要防止野生动物的袭击或者有毒植物的刺伤。三是注意天气状况。游客要根据天气选择合适的装备，并避免在恶劣天气条件下跑步。四是保持适当的体力和水分补充。游客要根据自己的体能水平合理安排跑步强度，随身携带足够的水和食物。五是尊重自然环境。游客不要破坏自然景观，要遵循"无痕"原则。六是注意个人安全。游客可与他人一起跑步或告知他人自己的行踪，要注意个人安全和急救措施的保障，以防范突发事件。另外，无论是森林跑步还是越野跑，游客都要根据自己的身体状况和经验选择合适的路线和难度，逐渐增加难度和距离，以避免过度疲劳和受伤。

（三）森林自行车骑行

森林自行车骑行是一种在森林或自然环境中骑自行车的活动。它结合了户外活动和自行车运动的乐趣，让游客在亲近大自然的同时，享受骑行的快乐。森林自行车骑行通常在专门设计的自行车道、小径或森林道路上进行。这些路径可能会穿越森林、山区、河流或其他自然景观，为游客提供与城市骑行不同的体验。在森林中骑行，游客可以呼吸新鲜空气、欣赏美景、聆听鸟儿的歌声、感受大自然的宁静和生机。对于游客而言，森林自行车骑行有以下四点好处：一是锻炼身体。骑行是一种有氧运动，可以增强心肺功能、锻炼腿部肌肉和提高身体的耐力。二是探索自然。通过骑行穿越森林，游客可以更近距离地观察和欣赏自然环境，发现平时不易注意到的细节和美景。三是减轻压力。森林的宁静氛围有助于游客放松身心、减轻压力和焦虑。四是丰富社交活动。游客可以与朋友、家人或其他自行车爱好者一起骑行，共同分享乐趣和经验。

森林自行车骑行需要注意以下五点：一是选择适合的自行车。游客要根据骑行的地形和个人需求，选择合适的自行车类型，如山地车、公路车或越野车等。二是佩戴安全装备。游客要佩戴头盔等安全装备，确保骑行过程中的安全。三是了解路线和地形。游客在出发前要了解骑行所在森林的路线和地形，避免迷路或遇到危险的路段。四是注意环境保护。游客要尊重自然环境，不随意破坏植被或干扰野生动物的生活。五是遵守交通规则。如果骑行的路径与其他道路相交，游客要遵守交通规则，确保自己与其他车辆和行人的安全。

森林自行车骑行是一种既能锻炼身体又能与大自然亲密接触的活动。无论是喜欢挑战山路的骑手，还是追求宁静与美景的骑行爱好者，都可以

在森林中找到适合自己的骑行乐趣。我国代表性森林自行车赛如表 3-5
所示。

表 3-5　我国代表性森林自行车赛

名称	主要特点
张家界国家森林公园峰林竞速赛	该比赛在张家界国家森林公园举行,比赛路线包括 18 千米的山区公路骑行挑战,涵盖了多个组别,包括男子公路精英组、男子公路大众组、女子公路组、男子山地组、女子山地组
塔河全国森林自行车赛	该比赛在大兴安岭塔河县举办,是一项为期 3 天的赛事,包括公路自行车大组赛和山地自行车大组赛两个组别
环长白山森林自行车赛	该比赛由吉林省体育局推出,是长白山管委会着力打造的精品赛事之一,吸引了来自全国各地的自行车运动爱好者参与
五指山雨林天路自行车挑战赛	该比赛在海南五指山举行,提供了全程组和半程组的比赛选项,吸引了众多自行车爱好者参与

(四) 森林瑜伽和冥想

森林瑜伽和冥想是将瑜伽和冥想练习与森林环境相结合的活动,旨在通过与自然的连接来促进身心的健康与平衡。森林瑜伽通常是指在森林中进行的各种瑜伽体式和呼吸练习。相较于传统室内瑜伽,森林瑜伽更强调与大自然的融合。在森林中,游客可以呼吸新鲜空气,感受阳光和微风,同时通过瑜伽的动作来伸展身体、增强柔韧性。这种与自然的亲密接触被认为可以带来更放松和愉悦的体验。在森林中进行冥想时,游客可以选择一个安静的地方,坐下来专注于自己的呼吸或一个特定的焦点,如树木、鸟鸣或自然的声音。通过集中注意力和放松身心,游客可以减少压力、焦虑和杂念,提高注意力和专注力,增强内心的平静和幸福感。

森林瑜伽和冥想需要注意以下八点:一是选择合适的瑜伽练习或安心冥想的地点。游客要选择一个安全、安静、干净的森林区域,避免选择有危险因素如陡坡、悬崖或野生动物频繁出没的地方。二是了解天气和环境。游客要了解当地的天气状况,避免在恶劣天气条件下进行森林瑜伽和冥想;同时要注意地面的平整度和舒适度,防止摔倒或不适。三是选择合适和舒适的着装,游客要穿合适、舒适的运动服装和鞋子,以便自由活动和保持舒适。四是循序渐进。游客要根据自己的身体状况,逐渐增加练习的时间和难度。尤其是初学者要慢慢来，不要过度追求完美的姿势或进行长时间的练习或冥想。五是注意身体信号。游客在练习过程中感到身体不适或有任何疼痛，应立即停止并休息，避免过度拉伸或造成伤害。六是摄入足够的食物。在练习前和练习期间，游客要保持适当的水分摄入，以防止脱水；同时注意合理的饮食，避免在过饱或过饥的状态下进行练习。七是建议与有经验的人一起练习。如果可能的话，游客最好与有经验的瑜伽导师或冥想指导一起进行森林瑜伽和冥想，他们可以为游客提供专业的指导和建议。八是注意安全。游客要告知家人自己的行踪，以防万一。

无论是瑜伽还是冥想，每个人的体验和效果可能会有所不同。如果游客对森林瑜伽和冥想感兴趣，可以尝试参加相关的课程或活动，亲身体验其中的益处，享受与自然融合的过程，让练习成为一种愉悦和有益的体验。总之，森林瑜伽和冥想可以给身心带来积极的影响，帮助游客与大自然建立和谐的关系。

（五）森林拓展训练

森林拓展训练是一项在森林环境中进行的团队建设和个人发展活动。它通常在森林或类似的自然区域进行，通过一系列的挑战和任务，培养游客的团队合作、沟通、领导力、适应能力等方面的技能和素质。森林拓展训练一般分为以下四类：一是团队挑战。例如，搭建帐篷、野外定向、绳索挑战等需要团队成员共同合作完成任务。二是个人挑战。例如，攀爬树木、跨越障碍等挑战能够帮助游客挑战自我，克服恐惧，提升自信。三是生态学习。游客通过了解自然环境、生态系统、野生动植物等知识，增强环保意识和对自然的敬畏之心。四是领导力训练。游客通过角色扮演、团队决策等活动，培养领导能力。常见的森林拓展训练项目如表3-6所示。

表3-6　常见的森林拓展训练项目

项目名称	主要内容
绳网穿越	游客需要穿越一个充满障碍的绳网，能锻炼身体协调性和团队合作精神
缅甸桥	游客需要双手抓住两根扶绳，同时走在一根走绳上
野外求生	游客在没有任何工具的情况下寻找食物和水源，能增强生存技能和团队合作精神
绳索课程	游客需要学习使用绳索技术来攀爬墙壁或通过障碍

表3-6（续）

项目名称	主要内容
丛林攀爬	这是在树干上搭建的攀爬项目，能增强游客的自信心和身体协调性
树上探险	这是集运动、娱乐于一体的户外探险活动，能为游客带来新奇的感官体验

（六）森林高尔夫

森林高尔夫是一种将高尔夫运动与森林环境相结合的活动形式。与传统的高尔夫不同，森林高尔夫通常在森林或类似的自然环境中进行。在森林高尔夫中，球手们在森林中挥杆击球，通过自然地形、树木、草地等自然元素来增加挑战和趣味性。球场的设计可以利用森林的地形和景观，设置球洞、障碍和路线，要求球手们根据自然条件做出策略和技术上的调整。森林高尔夫不仅有高尔夫运动的乐趣，还让球手们亲近自然、享受森林的美景和清新空气。这种形式的高尔夫活动通常更注重与自然的融合，强调对环境的保护和可持续发展。我国代表性森林高尔夫球场包括长春净月潭森林高尔夫球场、哈尔滨伏尔加庄园森林高尔夫球场。长春净月潭森林高尔夫球场位于长春市国家4A级森林公园——净月潭森林公园内，距离市中心15千米，是长春市唯一一个18洞国际标准森林高尔夫球场。球场由美国著名高尔夫球场设计公司JMP精心设计规划，采用了世界先进的雨鸟喷灌系统和世界级高标准的John Deere草坪维护设备，旨在成为我国最高级别的高尔夫球场之一。球场总占地面积66万平方米，18洞72杆，球道总长7 527码，拥有优美的环境和先进的设施，为高尔夫爱好者提供了一个优质的活动场所。哈尔滨伏尔加庄园森林高尔夫球场则是我国首个以"森林生态"为主题设计的18洞高尔夫球场，位于哈尔滨伏尔加庄园内。该球场让游客在森林氧吧中轻松悠然地感受高尔夫的优雅与浪漫，为高尔夫爱好者提供了一种与自然紧密结合的独特体验。

森林高尔夫运动需要注意以下九点：一是了解球场规则和要求。不同的森林高尔夫球场可能有独特的规则和要求，游客要事先了解并遵守这些规则和要求。二是选择合适的服装和准备专业的装备及必要物品。游客要穿合适的运动服装和高尔夫鞋，确保舒适和自由活动；要携带必要的专业装备，如球杆、球、手套等；还要携带必要的物品，如水、防晒用品、雨具等，以应对不同的情况。三是注意球的位置。在森林中，高尔夫球可能隐藏在草丛、树木或其他障碍物后面。游客要仔细观察高尔夫球的位置，避免遗失高尔夫球或对周围环境造成损害。四是尊重和保护自然环境。森林是生态系统的一部分，游客要尊重和保护自然环境，避免破坏植物、伤害野生动物或造成其他环境损害。五是保持安静。森林是一个宁静的环境，游客要尽量保持安静，不要干扰周围的生物和其他游客。六是注意天气变化。游客要根据天气情况选择合适的时间进行高尔夫运动，避免在恶劣天气条件下进行运动，如暴雨、雷电等。七是注意导航和标志。游客要熟悉球场的布局和标志，遵循指示牌和路线，以确保自己在球场上的位置和方向。八是保持良好沟通和高尔夫运动的道德规范。游客要与其他玩家保持良好的沟通，尊重他们的打球时间和空间；要遵守高尔夫运动的道德规范（如诚实记分、修复球痕等），并遵守场地的管理规定，不随意破坏或擅自改变球场的设置。九是注意安全。游客要确保自己的身体状况良好，不要过度劳累或在身体不适时进行运动。

森林高尔夫为喜欢高尔夫运动的游客提供了一种与自然亲密接触的独特体验，同时也增强了游客对自然环境的保护意识。这种活动形式在一些地区越来越受到欢迎，成为游客休闲娱乐和亲近大自然的一种方式。

（七）森林漂流

森林漂流通常是一种在森林环境中进行的水上漂流活动，具体分为以下两类：一是自然河道漂流。游客乘坐橡皮艇、木筏或其他漂流工具，沿着森林中的河流、溪流或峡谷顺流而下。在漂流过程中，游客可以欣赏到森林的自然景观，感受到水流的推动和冲击，同时还可能会遇到一些富有挑战性的段落，如急流、漩涡等。二是人造漂流通道。有些森林地区会特意建造一些漂流通道，让游客在更加安全和可控的环境下体验漂流的乐趣。这些通道可能会设计一些关卡、滑道或其他水上设施，增强漂流的趣味性和挑战性。国内比较著名的森林漂流地点包括沙坡头漂流、岷江漂流、马岭河漂流、飞水漂流、小三峡漂流、九畹溪漂流、楠溪江漂流、沂蒙山峡谷漂流以及蒙山森林漂流等。

森林漂流需要注意以下九点：一是了解漂流路线、环境和天气。游客要事先详细了解漂流的路线、水流情况、潜在的危险点等信息；要了解当地的天气，避免在恶劣天气条件下进行漂流。二是选择合适的装备。游客佩戴救生衣是必需的，以确保在水中的浮力和安全性；还要穿合适的防水衣物和鞋子，避免湿透和受伤。三是听从专业人员的指挥。如果是参加有组织的森林漂流活动，游客一定要听从导游或教练的指导。他们具有丰富的经验和专业知识，能够提供安全的漂流体验。四是确保游客身体状况适合漂流。游客要确保自身身体状况良好，没有健康问题或疾病，特别是心脏、呼吸系统等方面的疾病。如果有任何不适或疑虑，最好咨询医生的意见是否可以开展漂流活动。五是掌握基本的漂流技巧。游客要学习如何正确操控漂流工具，如用划桨控制方向等；要了解应对紧急情况（如倾覆、被困等）的方法。六是与伙伴保持协作。如果是团队漂流，游客要与伙伴保持良好的沟通和协作，互相照应，确保每个人的安全。七是注意防晒和保暖。在阳光强烈的情况下，游客要涂抹防晒霜和戴帽子，以防止晒伤；在水温较低的情况下，游客要准备好适当的保暖衣物。八是携带必要的物品。游客要带上必要的物品（如水、食物、紧急药品、手机等），但要注意将物品妥善固定，以免在漂流过程中丢失或受损。九是遵守安全规定。游客要严格遵守漂流活动的安全规定，不得擅自离开指定区域或进行危险行为。

（八）森林冬季运动

森林冬季运动是指在森林环境中进行的各种冬季体育活动和娱乐项目。常见的森林冬季运动如下：一是滑雪。游客可以在森林中的雪道上尽情滑行。二是雪地徒步。游客穿上雪地徒步装备，在森林中漫步，欣赏雪景，感受冬季森林的宁静。三是雪地摩托。游客驾驶雪地摩托在森林中穿梭，体验速度与激情。四是冰上钓鱼。游客在冰冻的湖泊或河流上凿洞钓鱼，享受冬季的宁静和钓鱼的乐趣。五是冬季露营。游客带上冬季露营装备，在森林中搭建帐篷，体验冬季户外生活。六是狗拉雪橇。游客让雪橇犬拉着雪橇在雪地上奔跑，感受与动物的亲密合作。七是冰雕。游客参与冰雕活动，创造出独特的冰雕作品，展示自己的创意和艺术才华。八是雪地温泉。游客可以在森林中享受温泉，放松身心，消除疲惫。

全球著名的冬季运动地点包括瑞士、法国三峡谷、阿尔卑斯山、美国大天空等。瑞士拥有300多个滑雪胜地，能够为游客提供丰富的冬季运动，满足各种水平滑雪爱好者的需求。其中，采尔马特和因特拉肯都是著名的滑雪度假胜地，为游客提供了丰富的冬季活动，如滑雪、雪橇雪地漫步等。法国三峡谷是世界上最大的联通滑雪区域，由 Belleville 峡谷、Courchevel 峡谷、Meribel 峡谷组成，分布着 8 大雪场，雪场之间有接驳车可以通滑，使用滑雪联票可穿越 105 平方千米的雪域。这里拥有超过 400 条雪道，总长度超过 600 千米，是资深滑雪爱好者必去的滑雪胜地之一。阿尔卑斯山脉作为欧洲最高的山脉，有着广阔的滑雪区域和丰富的户外活动。这里不仅有世界级的滑雪场地，还有众多的徒步路线，适合不同水平和需求的游客。其中，马特洪峰和多姆峰都是阿尔卑斯山脉的著名山峰，拥有难度各异的徒步路线，可以让游客探索并欣赏到壮丽的自然风光。美国大天空以其近 6 000 英亩①的可滑雪土地和每年平均 400 英寸②的粉雪而闻名，适合各种水平的滑雪爱好者。

　　森林冬季运动需要注意以下八点：一是注意冬季森林地区的天气和路况。游客要提前了解当地天气情况，选择合适的天气进行运动；要注意路面是否有积雪、结冰或其他不安全的情况，避免滑倒或摔倒。二是准备好适合森林冬季运动的衣物和专业装备。游客要穿戴合适的保暖衣物，包括帽子、手套、围巾、防水靴等；要根据运动项目选择合适的专业装备，如滑雪板、雪鞋、冰镐等。三是注意身体保暖和拉伸运动。游客要确保自身身体状况良好，能适应冬季运动的强度，尤其要注意保暖；在运动前要进行充分的热身活动，拉伸身体关节，预防运动伤害。四是运用导航和路线规划。游客要了解运动区域的地形和路线，携带地图或使用导航设备，避免迷路。五是携带水和食物。冬季运动会消耗更多的水分和能量，游客要记得携带足够的水和食物，及时补充水分和体力。六是注意安全。游客要遵守运动规则和安全指示，注意周围环境，避免与其他游客发生碰撞；要注意合理安排运动时间，确保有足够的时间返回；如果是参加有组织的森林冬季运动活动，务必要听从专业教练或领队的指挥。七是紧急情况。游客要了解当地森林管理部门的紧急救援电话和求救方法，遇到紧急情况时及时报警；如果可能，要尽量与他人一起进行森林冬季运动，以便在有需要时互相帮助和支持。八是尊重和保护自然环境。游客要注意保护自然环境，不破坏森林生态系统。

---

① 1 英亩=4 046.86 平方米，后同。
② 1 英寸=0.025 4 米，后同。

三、森林健康餐饮产品

我国是森林食品生产大国，森林食品资源丰富。目前，国内森林食品产量基本满足国内市场需求，部分产品还大量出口到国外市场。2014年，国内森林食品产量1.54亿吨，需求量1.51亿吨；2020年，国内森林食品产量1.94亿吨，需求量1.91亿吨；2023年，国内森林食品产量2.26亿吨。健康餐饮既是一种关注饮食健康和营养均衡的餐饮理念，也是游客食品的重要组成部分。它强调选择新鲜、天然、营养丰富的食材，注重食物的质量和安全性，并遵循合理的饮食搭配原则。健康餐饮的目的是通过饮食来促进身体健康、预防疾病和提高生活质量。森林健康餐饮是将健康餐饮理念与森林资源相结合的一种餐饮形式。这种餐饮形式不仅满足了游客对健康饮食的需求，同时也提供了舒适的就餐环境，让游客在享受美食的同时，也能享受到森林带来的自然美景与健康益处。

（一）森林有机食材

森林有机食材是指来自森林环境的、符合有机农业标准的食材。这些食材在种植或采集过程中不使用化肥，按要求限制使用农药，采用可持续的农业方法，注重生态平衡和环境保护。森林中常见的有机食材分类如表3-7所示。

表3-7　森林中常见的有机食材分类

类别	主要内容
森林真菌	这是指生长在森林环境中的各种可食用真菌，如松茸、竹荪、牛肝菌、鸡枞菌、松露等
森林蔬菜	这是指生长在森林环境中的各种可食用植物，它们生长在森林地段或森林环境中，种类繁多，如香椿、省沽油、黄连木、合欢、刺槐等木本植物，以及薇菜、鱼腥草、蕨菜、马齿苋等草本植物
森林水果	这是指生长在森林环境中的各种可食用水果，如蓝莓、荔枝、柚子等
森林干果	这是指生长在森林环境中的各种可食用干果，如核桃、榛子、松子等
森林肉食	这是指符合国家规定能在森林中合法人工养殖的各种畜类、禽类、鱼类

表3-7(续)

类别	主要内容
森林粮食	这是指生长在森林环境中并能代替粮食食用的各种可食用植物，如板栗、枣等
森林油料	这是指生长在森林环境中并含丰富油脂的各种可食用植物，如油茶、油橄榄等
森林饮料	这是指以生长在森林环境中的植物为原料加工制成的饮料及酒类，如果汁、凉茶等
森林药材	这是指生长在森林环境中并具有药用价值的各种植物、动物、真菌，如杜仲皮、鹿茸、灵芝等
森林蜂品	这是指生长在森林环境中的蜂类的各种产物，如蜂蜜、蜂花粉、蜂胶等
森林香料	这是指生长在森林环境中并富含香、麻、辣等气味的各种可食用植物，如花椒、胡椒、八角等
森林茶叶	这是指生长在森林环境中的各种茶叶，如茅岩莓茶、海南大叶茶等

选择森林有机食材不仅可以使游客享受到更天然、健康的食物，还可以支持农业的可持续发展和森林保护。但在采集或购买森林有机食材时，要确保来源合法，并注意识别真正的有机产品。此外，对于不确定是否可食用的野生植物，游客最好咨询专业人士，以避免误食中毒。

（二）森林特色菜肴

森林特色菜肴通常利用森林中的食材或与森林相关的食材来制作，具有独特的风味和地域特色。森林特色菜肴种类繁多，如鸳鸯双色木耳、精品榛蘑蒸肉、琉璃猴头菇、铁扒黄油松茸、白鱼烧毛尖蘑、刺嫩芽蛋皮卷、松子仁炸猪排、蓝莓土豆泥、松香鸡等。这些菜肴不仅展示了森林食材的多样性，还体现了厨师对食材的精湛处理和创意烹饪。例如，鸳鸯双色木耳展现了木耳的独特质地和美味；精品榛蘑蒸肉突出了榛蘑的香气和营养价值；琉璃猴头菇、铁扒黄油松茸等菜品展示了森林食材的珍贵和高品质；白鱼烧毛尖蘑、刺嫩芽蛋皮卷、松子仁炸猪排、蓝莓土豆泥等菜品结合了森林食材与传统烹饪方法，创造出新颖的口味和视觉效果；松香鸡将森林食材与烹饪技巧相结合，呈现出独特的森林风味。

常见的森林特色菜肴及其制作方法如下：一是野生菌菇汤。厨师使用各种野生菌菇（如松茸、牛肝菌等）煮成的鲜美汤品。二是森林烤肉。厨师使用森林中的木材烤制的肉类（如烤鸡肉、烤猪肉等），其具有独特的烟熏味。三是野菜沙拉。厨师将森林中的各种野菜（如蕨菜、马齿苋等）拌入沙拉中，增添清爽口感。四是果脯拼盘。厨师采用森林中的水果（如蓝莓、覆盆子等）制成果脯或果酱，搭配其他食材组成拼盘。五是蜂蜜烤鸡。厨师用森林中的蜂蜜涂抹在鸡肉上烤制，增添甜味和香气。六是树根炖肉。厨师使用一些可食用的树根（如榆树根、桑树根等）与肉类一起炖煮，提取其特殊的风味，树根炖肉还具有一定的中医保健作用。七是松子玉米。厨师将松子与玉米一起炒制，口感香脆可口。八是树莓蛋糕。厨师以森林中的树莓为主要原料制作的蛋糕，酸甜可口。九是森林蔬菜汤。厨师将森林中的多种蔬菜煮成汤，营养丰富。

森林特色菜肴不仅体现了森林的自然资源和特色，还反映了当地的烹饪文化和饮食传统。当然，具体的森林特色菜肴会因地区和文化的不同而有所差异。另外，在尝试这些菜肴时，游客要注意食材的安全性和可食用性，并尊重当地的生态环境和文化传统。

（三）森林健康饮品

健康饮品市场规模在我国呈现出快速增长的趋势。一方面，养生茶饮这一细分市场的规模十分可观。艾媒咨询的数据显示，2023年中国养生茶饮市场规模为411.6亿元，同比增长27.3%，预计到2028年，这一市场规模将突破千亿元，达到1 189.5亿元。另外，中医药文化的复兴和药食同源的发展理念为养生茶饮市场注入了新的活力，推动了市场规模的快速增长。另一方面，功能饮料是中国饮料市场中增速第二的细分市场，消费者对功能饮料的偏好超过碳酸饮料和果汁饮料。由于居民的健康意识日益增强，加上食品科技的创新发展，消费者对功能饮料的需求将进一步增长。相关数据显示，2019年至2023年，中国功能饮料市场规模稳步增长，从1 119亿元增至1 471亿元，年均复合增长率达7.08%。随着市场需求的持续增长，中国功能饮料市场规模将继续保持增长态势。

在上述背景下，森林健康饮品逐步获得市场认可。森林健康饮品是指源于森林或与森林相关的、对健康有益的饮品。常见的森林健康饮品如下：一是蜂蜜水。蜂蜜是森林中蜜蜂采集花蜜制成的，具有多种营养成分和抗菌作用。蜂蜜水可以滋润喉咙、提供能量和改善消化。二是野生浆果果汁。森林中常见的浆果，如蓝莓、覆盆子、草莓等富含抗氧化剂和维生素，将其榨成果汁可以享受其健康益处。三是松针茶。松针含有丰富的维生素和矿物质，泡制成茶可以提供营养并具有一定的保健功效。四是桦树汁。桦树汁被认为具有保湿、消炎和抗氧化的作用，常被制成饮料或添加到其他饮品中。五是森林泉水。森林中的清澈泉水，富含矿物质，对身体有益。六是木叶茶。森林中的某些树叶可以用来制茶，如银杏叶茶、桑叶茶、树莓叶茶等具有特定的营养和药用价值。

森林健康饮品不仅美味，还蕴含着大自然的恩赐和森林的精华。游客在选择和饮用这些饮品时，要确保来源可靠，并遵循适量饮用的原则。此外，保护森林的生态平衡和可持续利用也是游客应该关注的方面。

（四）森林素食套餐

森林素食套餐是一种以蔬菜、水果、豆类、谷物等植物性食材为主的套餐，旨在为游客提供健康、营养且与森林环境相关的饮食选择。森林素食套餐是一种结合了自然元素和健康饮食理念的餐饮体验，通常会在充满自然氛围的环境中被游客享用，如隐秘的庭院、绿植环绕的露台或室内装饰着大量自然元素的餐厅。森林素食套餐的重点在于使用季节性的食材，采用低碳、健康的生活方式，为顾客带来一种身心舒缓的用餐体验。例如，揭博高速素食套餐。在植树节期间，揭博高速揭西中心站食堂推出了结合揭西当地饮食特色的素食套餐。这些套餐不仅为肠胃减轻负担，还通过减少肉类摄入来实践低碳环保的生活方式。素食套餐以揭西擂茶、细粄、裸条等当地特色菜肴为主，同时搭配4种素菜、2种点心和1种粥品，展现了素食的美味与健康。又如，龙谷山房素食餐厅。该餐厅位于福建省泉州市惠安县，以其禅意庭院和精致素斋著称。餐厅提供一人11道菜的素斋，采用新中式风格，让顾客在享受美食的同时，也能体验到宁静与放松。再如，淘金小院·田园素食。这家餐厅位于广州市，以其森林系治愈素食火锅闻名，还提供了一种绿树成荫的庭院和仙气弥漫的鱼池，营造了一个优雅浪漫的就餐环境。餐厅提供的素食火锅使用时令食材（如野生石橄榄、冰川冬瓜等），让顾客在享受美食的同时，也能感受到自然的美好。

森林素食套餐的特点和常见菜品如下：一是天然食材。森林素食套餐使用新鲜的蔬菜、水果、坚果、蘑菇等天然食材，强调食材的季节性和地域性。二是蔬菜沙拉。厨师将各种生的蔬菜（如生菜、番茄、黄瓜、胡萝卜等）搭配沙拉酱制成健康蔬菜沙拉。三是烤蔬菜。厨师将蔬菜烤至金黄，以保留其营养和口感，如烤南瓜、烤薯条等。四是野生菌类。例如，松茸、香菇、木耳等能为人体提供丰富的蛋白质和维生素。五是水果拼盘。厨师将新鲜的水果切片或切块，如苹果、橙子、香蕉等能为人体提供各种天然维生素。六是素食主菜。例如，蔬菜咖喱、豆腐炒菜、素食汉堡等能为人体提供蛋白质。七是全谷物食品。例如，全麦面包、糙米饭、燕麦片等能为人体提供能量和膳食纤维。八是森林特色饮品。例如，蜂蜜水、果茶、植物奶等能为森林素食套餐增添风味和营养。

森林素食套餐的设计旨在体现森林的自然、健康和可持续的理念。它不仅关注食物的营养价值，还强调与大自然的连接和对环境的尊重。

（五）森林养生餐点

森林养生餐点是一种以促进健康和养生为目的的饮食，它通常与森林的环境、食材以及养生理念相结合。森林养生餐点是一种结合了绿色生态食材的餐饮体验，旨在提供新鲜、健康的餐点，以满足游客的养生需求。这种餐点的特点是使用新鲜的、未经加工或低加工的食材，以确保食物的营养成分和原始风味得以保留。森林养生餐点的制作注重食材的天然、健康和安全，通过丰富的菜品选择，为游客提供多样化的饮食选择，以满足不同人群的养生需求。森林养生餐点不仅具有原生态、无污染的特性，还富含对人体有益的营养成分，有助于提升游客的健康水平。例如，秘鲁中央餐厅的创意料理。这家餐厅被誉为南美洲最好的餐厅之一，其食材丰富多样，既有海洋中的贝类、藻类等海底生物，又有亚马孙河中的食人鱼；既有高原的淀粉土豆，又有热带雨林中的水果、辣椒、草药等。此外，餐厅中的每道菜都搭配有各种白葡萄酒和红葡萄酒，使游客的美食体验更加完美。又如，德国 Lafleur 餐厅。这家结合了德国式严谨和"轻饮食"理念的餐厅，其素食菜单中的绿芦笋菜品非常受欢迎。这道菜选用当季最新鲜的绿芦笋和红薯，配上蔬菜和柠檬油调成的汤汁，让绿芦笋的爽脆、红薯的绵软和特色酱汁的清香有机地结合在一起。

森林养生餐点的特点如下：一是天然食材。森林养生餐点强调使用新鲜、天然的食材，如蔬菜、水果、坚果、全谷物、豆类、香草和野生植物等。这些食材富含营养，且通常未经过过多加工。二是季节适应性。森林养生餐点会根据不同的季节选择当季的食材，以最大限度地获取食材的营养价值并保持与自然的和谐。三是植物性饮食。森林养生餐点常常以植物性食物为主，减少动物产品的摄入，以追求更健康的饮食结构。四是轻食和均衡搭配。森林养生餐点注重食物的均衡搭配，包括足够的蛋白质、碳水化合物、健康脂肪、维生素和矿物质，如蔬菜沙拉、水果、全麦食品、坚果、豆类、酸奶等。五是烹饪方式。森林养生餐点倾向于采用简单、健康的烹饪方式（如清蒸、烤、煮、凉拌等），尽量保留食材的营养和原汁原味。六是强调多样性。森林养生餐点通过搭配多种不同颜色和种类的食物，获取丰富的维生素和抗氧化剂。七是养生功效。森林养生餐点使用的某些食材被认为具有特定的养生功效，如一些草药、根茎类蔬菜可促进消化、增强免疫力、减少炎症等。

需要注意的是，森林养生餐点并没有固定的菜单，而是可以根据个人需求和健康目标进行定制的。每个人的身体状况和营养需求都不同，因此在选择森林养生餐点时，最好咨询专业的营养师或健康专家，以确保饮食的合理性和适应性。此外，保持适度的饮食平衡、多样化的食物选择和健康的生活方式也是实现养生目标的重要影响因素。

（六）季节限定森林美食

季节限定森林美食是指只在特定季节或时期才能够品尝到的森林特色美食。这些美食通常与当地的季节、气候、食材供应以及传统文化相关。例如，三塔菇，学名鸡枞苗，是一种珍贵且美味的食用菌。它只在特定的季节出现，通常在每年七八月，尤其是在雨后会在土壤中迅速生长。这种菌类营养丰富，味道鲜美，被誉为"山珍"。其特点是生长期极短，只有两三天，一旦破土而出，其味达到最佳状态后便迅速"香消玉殒"，因此非常珍贵且难以寻找。三塔菇的这种特性使其成为可遇而不可求的美味，对于喜欢尝试新鲜食材的人来说，是一种不可错过的尝鲜选择。又如，白桦树汁，每年只有大约 15 天的采汁期。这种美食来自北纬 42 度的长白山原始森林深处，其制作原料只有白桦树原汁，没有任何添加，保证了原汁原味的口感。白桦树汁的营养价值很高，富含丰富的氨基酸、矿物质和维生素，每一滴都是大自然的馈赠。白桦树的生长周期较长，每次采汁后树木需要休息 3 年才能再次采汁，使得这种饮品更加珍贵。再如，春笋，特别是雷竹笋，是春天森林中的一道美味。春笋是竹亚科植物的嫩芽，含有大量的游离氨基酸，味道鲜美。春笋的采摘和食用主要集中在春季，这时竹笋的嫩芽最为鲜嫩，口感最佳。在江南地区，春笋常用来制作特色菜"腌笃鲜"：将春笋与鲜、咸五花肉片一起炖煮，形成一道令人难以忘怀的美食。春笋从冒芽到长成竹子的时间极短，且保鲜期有限，使得春笋成为江南地区独有的春季美味。

季节限定森林美食的特点如下：一是反映季节特点。季节限定森林美食的食材和口味往往与当前季节相呼应，能给游客带来当季特有的风味体验。二是限时供应。季节限定森林美食只会在特定的季节或时间段出现，一旦过了这个时期，就可能无法再品尝到。三是地域特色。不同地区的季节限定森林美食可能各不相同，它们各自反映了当地的文化和传统。四是促进消费。季节限定森林美食往往会吸引消费者尝试，对于商家来说也是一种营销策略。品尝季节限定森林美食可以让游客更好地感受季节的变化，同时也有助于支持当地的农业和食品产业发展。

当地相关机构或餐饮企业在推广森林健康餐饮产品时，可以强调食材的天然、健康和当地特色，同时注重菜品的创意和口感，并与森林旅游、体育运动等产品相结合，为游客提供全方位的健康体验。此外，当地相关机构或餐饮企业还可以举办美食活动，以提高游客的参与度和互动性。

四、森林教育研学产品

森林教育研学产品是一种将森林环境与教育研学相结合的教育旅游产品，它利用森林作为学习的场所和资源，通过各种研学活动和体验，让参与者在森林环境中进行学习和探索。森林教育研学产品旨在通过集体旅行和集中食宿的方式，让参与者在与平常不同的生活中拓宽视野、丰富知识、增进与自然和文化的亲近感以及加深对集体生活方式的体验。这种活动继承和发展了我国传统游学、"读万卷书，行万里路"的教育理念和人文精神，成为素质教育的新内容和新方式。它通过实地考察、实践活动、学习体验等方式，让参与者在真实的环境中学习和探索，以获得更丰富的知识。其中，研学游是一种寓教于游的教学新业态，也是一种走出校门并将研究性学习和旅行体验相结合的校外实践活动，其旨在开阔学生视野，并培养学生的生活技能、集体观念以及实践能力等。"研"是基础，"学"是目的，"游"是载体，要避免"游"而不学、"学"而不研，让学生在研学游中"研"有所得、"学"有所获。研学旅行市场近年来呈现出快速增长的态势。中研普华产业院研究报告《2024—2029 年中国研学旅行市场前瞻分析与未来投资战略报告》显示，随着教育理念的转变和消费升级，研学旅行市场规模不断扩大。2023 年，我国研学旅行市场规模达到了约 1 469 亿元，同比增长 61.6%。预计到 2026 年，我国研学旅行整体市场规模将达到 2 422 亿元。

（一）自然探索课程

自然探索课程是一种以自然为主题的学习课程，旨在让参与者通过对自然环境的观察、探索和体验，增进对自然的了解和认识。这种课程通常融合了科学、生态、环境教育等多个领域的知识，强调参与者的亲身参与和实践。自然探索课程是一种将知识与实践相结合的教育方式，旨在培养参与者的地质思维、自主学习探索能力、科学素养，以及对自然的热爱和环保意识。自然探索课程通常包括适用于多个年龄段的不同课程，如地质探索、植物探秘、昆虫世界等，这些课程通过室内外结合的教学方式，让参与者在探索中学习，在学习中探索。课程内容涵盖了地球构造、岩石特性、植物生长、昆虫生活等多个方面，旨在通过实践和观察，让参与者深入了解自然界的奥秘，培养他们的科学思维和创新能力。自然探索课程的主要类型如表 3-8 所示。

表 3-8　自然探索课程的主要类型

类型	主要特点
地质探索	该课程适合不同年龄阶段的参与者，通过室内课程+户外实践活动的课程模式，让参与者系统了解地球构造、不同岩石特性、代表性种类研究、地质与生活的关系等地质内容，培养其地质思维、自主学习探索能力，提升其科学素养
植物探秘	该课程分为不同年龄段，如适合 5~8 岁儿童的"探索·奇趣星球植物大作战"，以及适合 9~12 岁儿童的"小小植物家·解锁植物密码"等。这些课程通过有趣的植物观察活动，启发参与者探究植物的兴趣，培养科学的思维方式和对大自然的热爱
户外探奇	该课程主题范围广泛，包括户外运动、自然科学探究、社会人文、艺术以及哲学等领域。这些课程强调情境拓展，通过实际情境来解决问题，对参与者早期科研思维的萌芽生长有很好的启发作用
动物观察	该课程包括观察昆虫、鸟类、哺乳动物、爬行动物、淡水生物等，能帮助参与者了解动物的生活习性和特征

表3-8(续)

类型	主要特点
综合课程	这是一种以自然科学为基础的综合性学习课程，旨在通过实践、探索和发现，帮助参与者更好地理解自然界的运作方式。综合课程主要涉及生物、物理、化学和地理学科的知识，以及与自然相关的技术和工程方面的知识。一些经典的自然研学类课程包括野外考察、海洋探索、天文观测、植物和动物鉴定、环境研究和气象学等

自然探索课程的主要内容如下：一是对自然现象进行观察。自然探索课程通过引导参与者观察自然界的生物、植物、地理等，培养参与者的观察能力和对自然的敏感度，并发现现象背后的基本规律。二是对生态系统进行研究。参与者通过了解生态系统的组成、平衡以及生物与环境的相互关系，进而研究自然生态系统构成要素之间的结构和关系。三是开展户外活动研学。例如，徒步、露营、野外探险等能让参与者亲身体验自然，加深对自然界的理解。四是进行探索性实验与研究。自然探索课程通过结合自然环境的资源条件，组织科学实验，深入研究自然现象和生态问题，探索这些问题背后存在的原因。五是开展环境保护教育。参与者通过了解人类活动对自然的影响，能够培养自身的环保意识以及学习如何保护自然环境。

自然探索课程的目标是培养参与者对自然的兴趣和敬畏之心，增强他们的环境意识和责任感。通过亲身体验和主动探索，参与者能够更深入地了解自然，培养科学思维和解决问题的能力。同时，这种课程也有助于参与者建立与自然的联系，促进身心健康和全面发展。

（二）生态露营体验

生态露营体验是一种将露营与生态保护相结合的亲近自然、回归简单生活方式的体验活动。它旨在让参与者在享受大自然的同时，增强对环境的认识和保护意识。参与者通过在自然环境中搭建帐篷、烧烤、聊天等，享受与大自然的亲密接触，有助于其放下烦恼，全身心地融入自然，体验一种轻松和温馨的感觉。生态露营体验能带给参与者一种不同于城市生活的新鲜感，无论是在帐篷里躺着看满天繁星，还是听着鸟鸣醒来，都是非常难忘的体验，能让参与者感受到大自然的美丽和宁静，还能拉近人与人之间的距离，让参与者暂时忘记城市的喧嚣，享受与家人或朋友共度的美好时光。生态露营体验作为一种回归自然的消遣活动，其乐趣不仅在于搭建帐篷和烧烤，还在于与自然的亲密接触、与他人的共享体验以及放下烦恼、全身心融入自然的轻松感。无论是家庭聚会、朋友聚餐，还是公司团建，露营都是一种较好的选择，因为它不仅能创造难忘的回忆，还能让参与者更加珍惜和感恩大自然的美好。艾媒咨询2023年中国露营消费者露营频率的数据显示，35.47%的消费者每1~3个月（含3个月）露营一次，20.88%的消费者每3~6个月（含6个月）露营一次。消费者参加露营的主要原因包括想要放松心情、舒缓压力（78.87%），促进家庭、朋友关系（62.89%），亲近大自然（56.60%），体验新生活（46.92%）等。另外，2023年，中国青年报社会调查中心联合问卷网对1000名青年进行的一项调查显示，67.6%的受访青年更喜欢山林湖泊等野外露营地，这反映出他们对自然环境的偏好和亲近自然的渴望。

生态露营体验的主要内容如下：一是亲近自然。参与者在自然环境中搭建帐篷或使用其他露营设施，与大自然亲密接触，不仅能感受大自然的美妙，而且在搭建帐篷的过程中可以学会团队协作与搭建相关知识。二是生态教育。通过专业的向导或教育资料，参与者可以了解当地的生态系统、野生动植物、自然资源等，并学习如何在露营过程中减少对环境的影响。三是低碳生活。环保的露营设备和低碳露营方式（如减少使用一次性用品、遵循"无痕"原则、垃圾分类处理等），不仅可以减少对自然的破坏，还可以促进参与者进行绿色低碳生活。四是户外活动。生态露营地区还可以开展徒步、骑行、钓鱼等户外活动，让参与者在体验大自然乐趣的同时，与其他露营者加强交流，分享环保经验和心得，共同推动生态保护。

生态露营体验不仅提供了一种亲近自然、放松身心的方式，还强调了人与自然和谐共生。通过这种活动，参与者可以更加了解和尊重自然，培养环保意识和行动，同时也能够享受到大自然带来的宁静与美好。这样的体验对于个人的成长和社会的可持续发展都具有积极意义。

（三）森林艺术创作

森林艺术创作涵盖了从绘画、雕塑到音乐和诗歌等多种艺术形式，它们共同探索和表达森林的自然美、生态多样性以及与人类文化的关联。森林不仅为艺术家提供了丰富的视觉元素，如阳光透过树叶形成的光影效果、奇异的动植物形态等，而且其深邃和变化多端的自然景观也激发了艺术家无尽的创作灵感。艺术家们通过各自独特的艺术语言和表达方式，将森林的美丽、神秘以及与人类的关系呈现出来，创作出富有个性和情感的艺术作品。森林艺术创作是一种以森林为创作灵感和创作场所的艺术形式。它将艺术与自然环境相结合，通过各种艺术手段来表达对森林的感受、观察和想象。例如，伊凡·伊凡诺维奇·希施金是 19 世纪俄国巡回展览画派最具代表性的风景画家之一，也是 19 世纪后期现实主义风景画的奠基人之一。希施金的风景画多以高大的、充满生命力的树林为描绘对象，他笔下的森林之美，美不胜收，因此被誉为"森林的歌手"。他的作品不仅展示了俄罗斯北方大自然的宏伟壮丽，还探索了森林的奥秘。希施金的一生都在为森林作画，他的每一幅作品都充满了生命力。希施金的画作在艺术上有着重要的地位，并且他本人的艺术生涯也成了风景画派的一个杰出代表。

森林艺术创作的主要形式如下：一是绘画。参与者通过画笔，描绘森林中的景色、树木、植物、动物等，展现森林的美丽和独特之处。二是摄影。参与者用相机记录森林中的光影、色彩、形态等，捕捉瞬间的美好，展现森林的神秘和魅力。三是雕塑和装置艺术。参与者使用自然材料或在森林中创作雕塑和装置，与周围环境相互呼应，营造出独特的艺术氛围。四是诗歌和文学。参与者以森林为主题创作诗歌、故事或散文，用文字表达对森林的情感和思考。五是音乐和声音艺术。参与者利用森林中的声音（如鸟鸣、风声、水流声等），创作音乐或声音作品，传达森林的宁静和生机。六是大地艺术。参与者直接在森林地面上进行创作，如用石头、树枝等自然元素摆出图案或造型。七是艺术展览和活动。森林中举办的艺术展览、工作坊或演出等活动能够吸引更多人参与森林艺术创作。

森林艺术创作的目的不仅是创作出美丽的艺术作品，更重要的是强调人与自然的联系和对环境的关注。它鼓励参与者以艺术的方式感受大自然的力量和美丽，同时也唤起他们对森林保护的意识。这种创作形式可以在森林、公园、自然保护区等地方进行，让参与者亲身体验森林的魅力，并通过艺术作品传达对自然的敬畏和爱护之情。森林艺术创作不仅为艺术家提供了创作的灵感和空间，也为参与者带来了与自然融合的审美体验。它是一种将艺术与自然相结合的独特表达方式，有助于促进人与自然的和谐共生。

（四）树木认养计划

树木认养计划是一种保护和维护树木资源的活动。它允许个人、团体或组织通过支付一定的费用或做出其他形式的贡献，来认养特定的树木，并承担对其进行照顾和保护的责任，并进一步了解相关认养树木的知识。常见的认养树木包括紫花风铃木、阴香、凤凰木、樟树、马占相思、香叶树、海南蒲桃、山杜英、红花荷等。

树木认养计划的主要特点和内容如下：一是选择树木。参与者可以根据自己的喜好或特定目的，选择要认养的树木。这些树木通常位于公园、森林、校园、社区或其他公共场所。二是承诺和责任。一旦认养了树木，参与者通常需要承诺定期照顾树木，包括浇水、施肥、除草、修剪等；他们可能还需要关注树木的健康状况，及时报告树木出现的问题或异常。三是教育活动与环保意识增强。树木认养计划常常伴随着相关的教育活动，包括举办讲座、提供资料或组织实地考察等，以增强参与者对树木生态、环境保护和可持续发展的意识。四是标识和纪念。被认养的树木通常会被标记或标识，以显示其认养者的身份或作为纪念。这可以是一块标志牌、名牌或其他形式的标识。五是社区参与和合作。树木认养计划鼓励社区成员之间的合作和参与，共同努力保护和改善环境。它可以促进社区的凝聚力和对自然资源的共同责任感。六是长期监护。树木认养通常是一个长期的过程，参与者需要在一段时间内持续关注和照顾所认养的树木，确保它们健康成长。

树木认养计划的目的是激发参与者对树木保护的意识，并促使更多人积极参与环保活动。它不仅有助于保护树木资源，还可以提高环境质量、增加绿色空间和提供生态服务。此外，树木认养计划也可以作为一种教育和社区建设的手段，培养参与者对自然的尊重和关爱。通过认养树木，个人和团体可以为环境保护做出贡献，并与自然建立更紧密的联系。

（五）森林文化讲座

森林文化讲座是一种科学普及讲座，旨在传播关于森林的知识及其重要性。这种讲座通常涵盖森林的定义、生态系统、保护与管理、资源利用与开发等方面的内容，通过图文并茂的形式，向听众介绍森林的生态服务功能、生物多样性、碳储存能力以及森林与人类生活的紧密关系。讲座的目的在于提高参与者对森林价值的认识，强调保护森林资源的重要性，并鼓励参与者在日常生活中采取环保行动，如减少使用一次性用品、多使用耐用品等，以减少对环境的负面影响，共同守护地球家园。另外，森林文化讲座还可能涉及森林与文化的关联，探讨人与树木的文化关系，以及如何通过实施"人文森林工程"来促进人与自然和谐共生。这类讲座通常由相关专家、学者通过分享最新的研究成果和实践经验，帮助参与者更深入地理解森林的生态价值和文化意义，从而激发保护森林和自然环境的责任感和行动力。

森林文化讲座的主要内容如下：一是森林生态系统。森林文化讲座介绍森林生态系统的组成、功能和重要性，如氧气产生、气候调节、生物多样性保护等。二是森林资源与可持续利用。森林文化讲座探讨森林资源的管理、保护和可持续利用的方法，包括木材采伐、森林旅游、野生动植物保护等。三是森林与人类福祉。森林文化讲座强调森林对人类健康和福祉的积极影响，如提供清洁空气、促进心理健康、提供休闲和审美价值等。四是森林文化传统。森林文化讲座讲述与森林相关的文化传统、习俗和故事，如伐木文化、森林祭祀、森林艺术等。五是森林环保教育。森林文化讲座可以增强参与者对环境保护的意识，介绍如何在日常生活中采取可持续的行动来保护森林和自然环境。六是实地考察与体验。有些讲座可能会结合实地考察或森林体验活动，让参与者更直接地感受森林的魅力和重要性。七是专家分享与案例研究。森林文化讲座邀请专家分享他们在森林研究、保护或管理方面的经验和见解，通过案例研究展示成功的森林保护和可持续发展项目。

森林文化讲座的目的是让参与者增进对森林的了解和认识，促进对森林保护的重视，并鼓励个人在日常生活中积极参与保护森林的行动。这样的讲座可以面向不同的受众（如学生、游客、环保组织成员等），通过教育和启发，推动森林保护和可持续发展理念的传播。

（六）森林科学实验

森林科学实验包括利用种子园、母树林或者优良母树生产提供的家系或者无性系，选择适当地段进行规范性种植试验。这种实验包括用于良种推广需要而营建的示范林和用于对优树或者其他育种材料进行遗传品质评估而营建的测定林等。森林科学实验涵盖了通过规范性种植试验来探索和验证关于森林生长、遗传品质以及其他与森林管理相关的科学理论和假设。这种实验不仅有助于加深参与者对森林生态系统的理解，而且还为森林管理和保护提供了科学依据。森林科学实验还包括通过人工控制的条件，运用一定的仪器、设备等物质手段，观察、研究自然现象及其规律性的社会实践形式。森林科学实验是获取经验事实和检验科学假说、理论真理性的重要途径，不仅揭示了自然界的一些基本规律，而且也为人类对自然界的利用和改造奠定了科学基础。

森林科学实验的主要类型如下：一是植被研究。森林科学实验通过调查森林中不同植物物种的分布、生长状况、多样性等，了解植被的结构和功能。二是生态系统过程研究。森林科学实验研究物质循环、能量流动、生物地球化学循环等生态系统过程。三是动物行为和生态研究。森林科学实验包括观察和研究森林中动物的行为、栖息地选择、种群动态等。四是气候变化影响研究。森林科学实验评估气候变化对森林的影响，如温度变化、降水模式改变对树木生长和生态系统的影响。五是森林经营和管理实验。森林科学实验要分析不同森林经营策略（如采伐方式、造林技术等）对森林生态和经济效益的影响。六是土壤研究。森林科学实验通过分析土壤质地、肥力、微生物群落等，了解土壤与植被和生态系统的相互关系。七是遥感和地理信息系统应用。森林科学实验利用遥感技术和地理信息系统来监测森林的变化、绘制森林地图和进行空间分析。

森林科学实验可以在野外森林、实验室或模拟环境中进行，通过设置控制组和实验组、收集数据、分析结果等方法来回答特定的科学问题。这些实验旨在探究森林生态系统的各种特性、过程和相互关系，有助于参与者深入了解森林的生态功能、应对环境变化的能力以及可持续管理的策略。森林科学实验对保护森林生态系统、制定合理的政策和采取有效的保护措施具有重要意义。

五、森林休闲度假产品

休闲度假是游客利用假日外出并以休闲为主要目的和内容，进行令精神和身体放松的休闲方式。随着经济的持续发展，游客的旅游观念也发生了重大改变，越来越多的人厌倦了走马观花式的观光旅游，转而开始爱上休闲、放松和娱乐为主的休闲度假旅游。市场研究机构 Allied Market Research 预测，到 2027 年，全球休闲旅游市场规模将达到 1 737.3 亿美元，该机构预测从 2021 年至 2027 年，全球休闲旅游市场的年复合增长率为 22.6%。这一增长主要由社交媒体使用率的提高和人们对独特体验的追求所驱动。此外，人工智能、大数据分析、社交媒体和机器学习方面的创新也将重塑消费者对休闲旅游各个方面的期望。在中国，旅游度假产品市场规模也呈现出快速增长的态势。根据中国旅游研究院的数据，中国旅游业年均增长率超过 10%，旅游度假产品市场规模已经超过 1 000 亿元。这一增长反映了随着游客生活水平的提高和休闲旅游需求的增加，旅游度假产品市场规模正在不断扩大。

森林休闲度假是一种依托森林资源进行的休闲度假方式，它结合了观光游览、休闲度假、健康养生、文化教育等多种旅游活动。这种度假方式直接或间接地利用森林风景资源，以旅游为主要目的，开展多种形式的游玩活动。森林休闲度假的核心在于利用森林的自然环境和生态资源，为游客提供远离城市喧嚣、亲近自然的机会，让游客在繁忙的生活中找到放松身心和恢复活力的途径。森林休闲度假活动包括野营、垂钓、登山、滑雪、探险等，这些活动不仅能让游客享受大自然的美丽和宁静，还能通过与自然的互动达到身心健康的目的。此外，森林休闲度假也是一种游客对森林生态环境的审美活动，是生活在现代文明社会的游客对孕育人类文明的大自然的回归，体现了游客对健康、自然和文化的追求。

森林休闲度假产品是一类以森林为主要环境或背景，为游客提供休闲、度假和娱乐体验的产品。这些产品通常与森林的自然景观、生态资源和户外活动相结合，旨在让游客远离城市的喧嚣，亲近大自然，放松身心。森林休闲度假的发展动因在于满足游客特别是城镇居民对于非传统生活方式的需求。随着生活水平的提高，游客的出游动机和对森林旅游产品的偏好逐渐多样化，热衷于山地运动、森林养生的群体正在快速壮大。这种度假方式已经成为我国游客特别是城镇居民常态化的生活方式和消费行为。

（一）森林度假住宿

森林度假住宿是指在森林或自然环境中的住宿设施或体验。这种住宿形式让游客有机会亲近大自然，融入森林中，享受独特的住宿体验。森林度假住宿通常以森林酒店形式存在。森林酒店是一种特殊的酒店类型，它们通常位于自然环境优美、靠近森林或山区的地方，旨在为游客提供与大自然亲密接触的住宿体验。这些酒店不仅提供了舒适的住宿条件，还能够让游客享受到周围的自然美景和清新空气。森林酒店的设计和装修通常融入自然元素，如使用木材、石头等天然材料，以及采用大量的落地窗，能够让游客最大限度地欣赏到窗外的自然风光。森林酒店通常提供徒步、骑行、野营、观鸟等各种户外活动和体验，以满足喜欢户外活动的客人的需求。此外，一些森林酒店还提供亲子活动和儿童娱乐设施，以吸引家庭客户。这些酒店往往也是商务旅行者的理想选择，因为它们提供了一个宁静而又靠近自然的工作环境。森林酒店的地理位置通常较为优越，可能位于国家公园、自然保护区或山区，周围可能有瀑布、湖泊、山脉等自然景观。

常见的森林住宿建筑形式如下：一是森林小屋或木屋。它们通常是独立的小木屋，位于森林中，能为游客提供基本的住宿设施，让游客感受与自然的亲密接触。二是露营地。森林中设立的露营地能为游客提供帐篷或露营车的停放区域，使其可以在这里露营并体验野外生活。三是森林旅馆或度假村。一些位于森林地区的旅馆或度假村，能为游客提供各种房间及设施，同时提供与森林相关的活动和体验。四是树屋。建在树上的房屋能为游客提供独特的住宿体验，让其与森林融为一体。

森林度假住宿的目的是让游客远离城市的喧嚣和繁忙，亲近大自然，放松身心，享受宁静和清新的环境。这种住宿形式常常与徒步旅行、观鸟、欣赏自然景观等户外活动相结合，为游客提供与自然互动的机会。在选择森林住宿时，要着重考虑住宿的安全性、设施的完善程度、周边的自然环境以及与当地生态的兼容性。同时，游客也要遵守相关的规定和准则，保护森林的生态环境，不进行破坏或干扰野生动植物的行为。森林住宿对游客来说是一次独特而难忘的体验，能让游客与大自然建立更紧密的联系，感受大自然的美丽和力量。它适合那些喜欢户外活动、追求宁静与放松的游客，是一种接近自然、重拾内心平静的旅游方式。

（二）森林户外活动

森林户外活动是一种集健康、娱乐、教育于一体的活动，旨在让游客在亲近自然、锻炼身体的同时，也关注和保护自然环境。这些活动包括徒步旅行、野营、钓鱼、摄影、瑜伽、跑步、写生等，旨在让游客在享受大自然美景的同时，也能放松身心。部分世界代表性森林户外活动如表3-9所示。

表3-9　部分世界代表性森林户外活动

名称	简介
树上丛林项目	这是一项绿色户外拓展活动，发源于欧美国家，通过在森林或树林间搭建各种高空关卡，让游客在体验高空挑战时，也能享受大自然的美景。该项目将运动与自然完美融合，游客不仅能锻炼身体，还能呼吸新鲜空气，减轻生活压力
无痕山林活动	这是一种始于美国的户外运动方式，旨在提醒游客在自然中活动时，关注并身体力行地保护与维护当地的生态环境。无痕山林（leave no trace，LNT）通过七大原则来实践环保理念，包括充分的行前规划和准备、在耐受地面行走和露营等
夏日森林徒步	游客在夏日探索那些让人流连忘返的森林徒步旅行地，如阿尔卑斯山脉的黑森林、夏威夷的热带雨林等。这些地方以其独特的自然美景和生态环境，为游客提供了亲近自然、感受大自然静谧与美好的机会
丛林激流漂流	欣赏丛林最好的方式之一就是乘船穿过其中心，如以亚马孙河上游的激流漂流为起点，漂至下游平坦之处后可换乘独木舟，这是一种既刺激又充满乐趣的户外活动
山地自行车骑行	骑山地自行车穿越丛林是一种别样的体验，可以根据个人喜好和能力选择不同难度的骑行路线

常见的森林户外活动如下：一是徒步旅行。游客在森林中漫步，探索小径和山路，欣赏自然景观，呼吸新鲜空气。二是露营。游客在森林中搭建帐篷或使用露营设备，过夜体验野外生活。三是野餐。游客在森林中享受户外野餐，与家人或朋友共度美好时光。四是野生动物观察。游客可以观察森林中的野生动物，增进对自然生态的了解。五是摄影。游客用相机记录森林中的美丽景色、动植物的独特瞬间等。六是登山。游客挑战山峰或攀爬山路，俯瞰森林及其周围的风景。七是森林浴。游客静静地在森林中停留，感受森林的氛围和吸收森林的能量，放松身心。八是其他户外运动。如在森林中进行的飞盘、足球、篮球等体育活动。

森林户外活动可以带来许多好处，如减轻压力、促进身体健康、提升幸福感和促进人与自然的连接。在进行森林户外活动时，游客要遵守森林的安全规定，尊重自然环境，不破坏生态平衡，并带走自己的垃圾，以保护森林的完整性和可持续性。同时，游客要了解当地的相关规定和禁令，确保活动的合法性和安全性。森林户外活动可以让游客与大自然亲密接触，感受大自然的魅力和神奇。

（三）森林生态旅游

森林生态旅游是指游客利用假日，并依托森林资源进行的以休闲、娱乐、保健为目的的游憩活动，如野营、野餐、垂钓等。森林生态旅游是一种以森林生态系统为基础，以保护和可持续利用森林资源为前提，以为游客提供与自然环境亲密接触、体验生态文化、促进环境保护和地方经济发展为目的的旅游形式。森林生态旅游强调对森林生态系统的尊重和保护，通过合理的规划和管理，让游客在享受森林美景的同时，了解森林的生态特征、生物多样性以及与之相关的文化和历史。森林生态旅游是游客对森林生态环境的审美活动，是生活在现代文明社会的游客对孕育人类文明的大自然的回归。

世界著名的森林生态旅游地点众多，各具特色，为游客提供了丰富的自然体验和学习机会。例如，南美洲亚马孙热带雨林，是世界上最大的热带雨林，以其丰富的生物多样性和独特的生态系统而闻名。游客可以乘船沿亚马孙河游览，探索茂密的植被和土著社区。又如，波兰弯曲森林，位于波兰西部，以独特的形状著称，由弯曲的树干形成，为游客提供了体验独特而神秘景观的机会。再如，德国黑森林，位于德国西南部，不仅有古色古香的村庄，还分布着天然温泉，是一个著名的休闲胜地。

我国也拥有众多著名的森林生态旅游地点。例如，茂兰自然保护区，位于贵州黔南布依族苗族自治州荔波县，拥有地球同纬度绝无仅有的喀斯特森林，是一个保留着非常原始的生态系统的地方。西藏墨脱原始森林，是我国最完整的原始森林之一，位于西藏，以其险峻的风景和神秘的氛围著称。海南尖峰岭热带雨林，位于海南省三亚市北部乐东黎族自治县境内，是我国现存面积最大、保存最好的热带原始森林区。张家界国家森林公园，位于湖南省张家界市，以其举世无双的砂岩峰林和奇幻的自然景观闻名。黄山国家森林公园，位于安徽省，黄山以其"奇松、怪石、云海、温泉"四绝独步华夏，被誉为"天下第一奇山"。峨眉山国家森林公园，位于四川省，作为佛教四大名山之一，承载着深厚的宗教文化和秀丽的自然风光。玉龙雪山国家森林公园，位于云南省丽江市，以其皑皑白雪和独特的植被带谱著称。这些地方不仅提供了丰富的自然景观，还是生物多样性的宝库，为游客提供了一个亲近自然、体验自然的优质场所。

常见的森林生态旅游形式如下：一是自然观赏。游客欣赏森林的自然景观，如山脉、溪流、湖泊、森林植被等。二是生态教育。游客通过导游介绍、解说牌、科普展览等方式，了解森林生态知识，增强环保意识。三是生态体验。游客通过参与一些与森林生态相关的活动（如徒步、骑行、野营、观鸟、植物识别等），增强与自然的互动。四是地方文化体验。游客通过了解当地与森林相关的传统文化、民俗风情等，感受地方特色。

森林生态旅游的发展有助于保护森林生态系统的完整性和稳定性，促进生态保护与旅游发展的良性循环。同时，森林生态旅游也为游客提供了一种独特的旅游体验，让游客更加关注和热爱自然环境。在进行森林生态旅游时，游客应该遵守相关规定，不破坏森林生态，尊重野生动植物，支持当地的可持续发展举措。这样可以促进森林生态旅游的可持续发展，为子孙后代留下美丽的森林资源。

（四）森林健康养生

森林健康养生实质是森林康养的各类型休闲养生活动的总称。它以森林生态环境为基础，通过将森林生态资源与医学、养生学等有机融合，开展保健养生、康复疗养、健康养老等服务活动，来促进大众健康。森林健康养生的发展是实施健康中国战略、推进林业生态价值实现、促进乡村振兴的重要举措。随着社会节奏的加快，亚健康人群不断增加，促进身体健康、提高生活质量成了人们普遍的追求和需要。森林健康养生充分利用森林环境和森林资源，科学地发挥森林保健作用，让人们置身于森林之中，开展静养、运动以及保健教育等项目，必要时辅以医疗保健人员的指导，从而帮助人们达到预防疾病和促进身心健康的目的。

森林健康养生主要的好处如下：一是改善呼吸。森林可以改善呼吸，这主要得益于其多个方面的积极作用，包括释放氧气、吸收二氧化碳、吸尘滞尘、净化空气、提供负离子等。二是锻炼身体。在森林中锻炼身体，对人类身心健康有多方面的积极影响。森林中的空气富含负离子，这些负离子有助于改善精神面貌，促进身心健康；森林中的空气还含有有益细菌、植物性的精油和带负电荷的离子，这些成分也对身心有益。三是自然疗愈。森林中的树木通过光合作用释放出大量的氧气和负氧离子，它们能够调节大脑皮质，从而缓解疲劳、降低血压、改善睡眠、镇咳平喘；森林中的部分植物还能分泌杀菌物质，这些物质具有丰富的挥发性气体，能够有效消灭部分微生物和有害细菌，如黑核桃、桉树、紫薇等可以杀死结核等病菌，杨树、松树能够预防流感的发生。另外，森林宁静的环境和美丽的景色能够减少肾上腺素分泌，降低人体神经的兴奋程度，增加视觉和活动的灵敏性，从而带来愉悦的身心感受。四是心理放松。森林可以让游客远离城市的喧嚣和压力，森林中的树木、花草、溪流等自然元素能够唤起游客各方面的感官，使人感到宁静和放松。全身心地投入这样的环境中，可以帮助游客减少紧张和焦虑感，减轻压力，从而促进身心健康。

（五）森林文化体验

森林文化体验是一种通过打开五感（视觉、听觉、味觉、触觉、嗅觉）来细细品味森林、感受森林环境、学习森林知识、体验森林趣味的活动。它不仅涉及对森林的直接体验，还包括对森林文化的深入理解和欣赏。这种体验是建立在人类对森林的认识、热爱和保护的基础上的。森林文化包括了森林生态、森林历史、森林传统、森林艺术等多个方面。森林文化体验是森林文化建设、保持良好的生态环境、提升游客生态文明素养的重要途径。森林文化体验的形式多样，例如，森林浴让游客置身于森林的空气中，呼吸森林中植物的香气，放松身心，是一种有名的自然疗法。"为森林呐喊"艺术展，让游客沉浸式感受森林的奇妙，思考自身在森林保护和恢复中的角色。"悦享森林 竹林意境"森林文化体验活动，通过竹艺、林产品展示等活动展示森林文化的魅力。

森林文化体验以其独特的自然环境和文化内涵，吸引了众多游客的参与，成为了解和体验自然的重要途径。例如，中国内蒙古自治区阿尔山市的阿尔山"森林雪野"项目，旨在打造一个有生命力的森林文化体验旅游目的地。该项目通过雪地摩托车雪地穿行、越野车漂移、山地骑行挑战等多种活动，让游客沉浸在青山绿林中，感受秀美风景，享受林间美食，体验林区文化。爱尔兰戈斯福德森林公园的儿童探险游玩项目，通过开发长达16千米的多用途林下自然探险游径和树冠探险游径，为有孩子的家庭提供了一个与大自然亲密接触的机会。

森林文化体验的主要内容如下：一是生态游览。游客通过参加森林生态游览，了解森林的生态系统、动植物物种等。二是自然观察。游客通过观察森林中的动植物，学习它们的特征和生态习性。三是森林手工艺。游客可以参与传统的森林手工艺制作，如木雕、竹编、木工等。四是森林音乐会或艺术表演。游客可以欣赏在森林中举办的音乐会、舞蹈表演或其他艺术活动。五是森林故事与传说。游客通过聆听与森林相关的传说、故事，感受森林文化的魅力。六是森林美食。游客通过品尝当地的森林特色美食，了解与森林相关的饮食文化。七是森林冥想或瑜伽。游客通过在森林中进行冥想或瑜伽练习，与自然融合，放松身心。八是森林教育活动。游客通过参加森林教育课程，学习环保知识、自然科学知识等。九是森林徒步或露营。游客通过徒步旅行或露营，深入感受森林的宁静和美丽。

森林文化体验旨在让游客与森林建立更紧密的联系，增强对自然的敬畏和保护意识，同时也能够丰富游客的生活体验。这种体验可以在森林公园、自然保护区、生态旅游区等地进行。不同的森林文化体验活动会因地区和文化背景的不同而有所差异。通过参与森林文化体验，游客可以更深入地了解森林的重要性，培养与自然和谐相处的意识，并享受森林带来的身心益处。

综上所述，森林休闲度假产品的竞争力在于为游客提供了一种与自然融合的独特体验，让其能够摆脱日常的繁忙和压力，享受宁静与放松。同时，这类产品也有助于促进游客对环境保护的重视，推动森林康旅产业的可持续发展。另外，不同的森林休闲度假产品可以根据地区的特色和市场需求进行定制和开发，以满足不同人群的喜好和需求。游客可以选择适合自己的森林休闲度假产品，与家人、朋友或独自一人深入森林，享受大自然带来的愉悦和益处。

六、本章小结

森林康旅产业的产品是由森林康养产品和森林旅游产品深度融合而产生的面向游客的现代森林康旅体验的系列产品和服务的总称。森林康养产品是以丰富多彩的森林景观、沁人心脾的森林环境、健康安全的森林食品、内涵浓郁的生态文化为主要资源，并配备相应的养生、休闲、医疗、康体服务设施，以修身养性、调适机能、延缓衰老为目的，开发的具有功能性、休闲性、体验性、娱悦性的产品，包括森林游憩、森林度假、森林疗养、森林保健、森林养老等。森林旅游产品是以森林自然资源为依托，通过深度挖掘特色森林资源，持续探索"森林+"模式，开发的具有自然性、体验性、参与性的产品，包括森林观光、森林文化、森林科普等。

本章阐释了森林康旅产业的产品构成，包括森林旅游观光产品，如森林观景台（栈道）、森林公园、野生或人工饲养动物观察、植物观赏、森林音乐会和演出、森林露营观赏、季节性森林景观、森林夜景灯光秀；森林体育运动产品，如森林徒步和远足、森林跑步和越野跑、森林自行车骑行、森林瑜伽和冥想、森林拓展训练、森林射箭和射击、森林高尔夫、森林漂流、森林冬季运动；森林健康餐饮产品，如森林有机食材、森林特色菜肴、森林健康饮品、森林素食套餐、森林养生餐点、季节限定森林美食；森林教育研学产品，如自然探索课程、生态露营体验、森林艺术创作、树木认养计划、森林文化讲座、森林科学实验；森林休闲度假产品，如森林度假住宿、森林户外活动、森林生态旅游、森林健康养生、森林文化体验。

本章对森林康旅产业的产品构成的探究，对森林生态资源与医学、养生学等有机融合，开展保健养生、康复疗养、健康养老等服务活动；对助力林业从生产木材等初级产品为主转向森林产品深加工和生产森林生态产品为主，实现林业产业结构的优化升级；对开发森林游憩、度假、疗养、保健、养老等潜在旅游经济功能，促进多种产业融合发展并形成现代产业集群，都有着积极意义。

第四章 森林康旅产业的设施保障

一、森林康旅通勤设施

森林康旅通勤设施是一个综合性的概念，是指为了支持游客在森林环境中进行健康旅游和通勤而建设的一系列设施和服务，主要包括森林休憩驿站、森林漫行步道、森林游乐趣苑、丛林野场实战和户外休闲营地等。这些设施旨在利用森林特有的地势形态，保护森林生态系统；同时依托森林生态独有的景观，提供舒适的自然环境，丰富游客的娱乐和休闲体验。例如，森林休憩驿站根据地形地貌建设，融入森林的自然环境中，为游客提供舒适的大自然生活享受和野外自由活动情趣。森林漫行步道则以石材和木材为主，在保护森林生态系统的基础上，形成森林生态景观游览步道，使游客能尽情在森林中漫步，享受精神愉悦、身体放松的感觉。这些设施不仅丰富了游客森林康旅的体验，也为游客提供了与自然亲密接触的机会，促进了其身心健康。

（一）森林道路和交通配套设施

森林道路是指建在林区，主要供各种运输工具及人们通行的道路。它不仅是交通线路，还是保障森林产业运作的重要基础设施，服务于伐木、木材运输、野生动植物保护、林业科研、森林旅游等方面。

森林道路主要包括林区道路、林荫路、国家森林步道、绿道等类型。林区道路主要建在林区，供各种林业运输工具通行，包括集材道路、运材道路、营林道路和防火道路。集材道路是从木材采伐点到装车场间的简易道路；运材道路是林区道路的主体，负责木材从装车场到贮木场的输送；

营林道路是根据造林、育林、护林等工作需要修建的正规道路；防火道路则满足护林防火的基本需求。林荫路是具有一定宽度的绿化带中的人行步道，它们分布在城市干道或滨河地带，用于改善城市小气候和保护环境卫生。林荫路的平面布置要根据道路的功能、林荫路的用地宽度以及所在地区的环境协调等因素来确定。国家森林步道穿越众多名山大川和典型森林，其建设旨在为游客提供更好的自然体验，促进森林康旅的发展。绿道是以自然要素为依托和构成基础，旨在串联城乡游憩、休闲等绿色开放空间，是满足游客进入自然景观的慢行道路系统。绿道不仅促进了城乡之间的连接，还为游客提供了休闲、游览的机会。

常见的森林交通配套设施如下：一是桥梁和涵洞。它们用于跨越河流、山谷或其他地形障碍的结构，确保道路的连续性。二是路标和指示牌。它们提供方向指引、景点介绍和安全提示等信息，帮助游客更好地找到森林地区。三是停车场。它为游客的车辆提供停放的地方，以便他们能够方便地到达森林地区。四是交通信号设施。交通信号灯、减速器等用于管理道路交通流量和确保行车安全。五是自行车租赁点。游客通过自行车租赁点租赁自行车，采用绿色出行方式，更好地体验森林环境。六是道路维护设施。修路设备、排水系统等设施可用于道路的日常维护和保养，确保道路的良好状态。这些交通配套设施的建设和管理对保障游客的安全、便捷通行及森林资源的可持续利用都非常重要。它们有助于提高森林地区的可达性，促进森林康旅产业的发展，但同时也需要注意与环境保护相结合，尽量减少对自然生态的影响。

（二）连接林区的公共交通

连接林区的公共交通一般包括林区内公共交通（森林公共交通）和连接森林地区和城市交通枢纽的林外公共交通。森林公共交通是指利用公共交通工具，在森林或自然环境中提供运输服务的方式。这种交通方式不仅有助于减少碳排放，促进低碳出行，而且能够让游客在享受便捷交通的同时，体验到自然的美景，是一种环境友好型的出行方式。

常见的森林公共交通有绿色公交、有轨观光小火车等。绿色公交是一种使用除汽油、柴油之外的其他能源（如天然气、燃料电池、混合动力汽车、氢能源和太阳能动力等）的公交车。绿色公交的废气排放量较低，是一种低碳代步工具。有轨观光小火车则可以让游客在森林公园等自然环境中，更加便利轻松地浏览大面积的自然美景，而无需花费很多时间和体力。这些森林公共交通不仅为游客提供了便捷的交通服务，还让他们在旅途中能够亲近自然，享受美景。

我国代表性森林小火车包括亚布力森林小火车、阿尔山新能源森林小火车、赣南森林小火车等。亚布力森林小火车以其粉嘟嘟的外观和穿梭在白桦林中的独特体验，为游客提供了新奇的旅游体验。这列小火车原为老式绿皮火车，经过改造，以柴油发电，最高时速 10 千米，能拉多节车厢，可同时乘载 160 名游客，整个车程 9 千米，让游客沉浸在自然美景之中。阿尔山新能源森林小火车自 2022 年投入运营以来，成为阿尔山新的旅游名片。这列小火车轨道全长约 8 千米，行驶时间约为 1 小时，沿途经过阿尔山的一系列特色景点，为游客提供独特的旅行体验。赣南森林铁路，于1960 年开始建设，1964 年建成通车。它是赣南的首条铁路，也是我国南方唯一保存完好的森林铁路。这条铁路主要运输木材和毛竹，同时也方便了沿线单位、居民的货物运输。赣南森林小火车被中国科学院旅游资源评估小组专家誉为"世界级旅游珍品"。

林区外公共交通通常是为了方便游客前往林区而提供的交通服务。常见林区外公共交通方式如下：一是巴士。专门的林区巴士线路，用于连接林区与周边城市或其他重要地点。这些巴士可以定期运行，提供固定的班次和站点。二是轻轨或地铁。林区附近城市的轻轨或地铁系统，可以通过延伸线路或设置站点来覆盖林区，为游客提供快速、高效的公共交通服务。三是旅游专线。旅游专线巴士针对游客的旅游需求，为其提供专门的接送服务，能将游客直接送到林区内的景点或活动地点。

（三）辅助自驾游交通设施

自驾游是一种自主安排行程、自己驾驶车辆进行旅游的方式。自驾游赋予了游客更高的自由度和灵活性，让他们能够按照自己的节奏和兴趣去探索目的地。自驾游需要游客具备一定的驾驶技能和经验，同时要对车辆进行充分的准备和维护。在规划行程时，游客要考虑道路状况、交通规则、住宿安排等因素，确保旅行的安全和顺利。此外，自驾游也需要游客对环境负责，尊重当地的文化和规定，保护自然景观。总的来说，自驾游是一种充满自由、探索和乐趣的旅游方式，适合那些喜欢独立自主、追求个性化体验的游客。部分世界代表性森林自驾游路线如表 4-1 所示。

表 4-1　部分世界代表性森林自驾游路线

名称	简介
美西一号公路	该公路位于加利福尼亚州，沿西部海岸延伸，沿途能饱览太平洋海景、穿越红木森林溪谷、经过太阳照耀下的草地和橡树林，以及观赏陆地与海水接壤的壮观景色
澳大利亚塔斯尼马亚州霍巴特—朗塞斯顿路线	游客能欣赏到塔斯马尼亚的美丽自然风景，包括蓝得醉人的大海、童话般迷人的星空、软萌的羊驼、可爱的小袋鼠等
澳大利亚维多利亚州大洋路	大洋路沿着维多利亚州南部海岸线蜿蜒延伸，沿途有许多精巧的小镇和美丽风景
德国浪漫之路	该路线沿途穿越河谷、农田、森林、草地以及山峦，游客不仅能欣赏到多姿多彩的风光，还能体验到德国的传统文化和风土人情
法国南部阿维尼翁—尼斯路线	该路线在山间穿行，游客能领略法国南部普罗旺斯地区的美景、尼斯的蔚蓝海岸等
泰国曼谷—清迈路线	该路线是泰国的小清新自驾游路线，沿途有色彩鲜艳的建筑，游客能感受到热带国度特有的明媚灿烂，还能深入当地体验最地道的泰式美食
中国百里天路	该路线被誉为"中国最美、最刺激的高原自驾线路"，全程 100 千米，沿途穿越山川、河流、农田、森林、草原等，每一处风景都如诗如画
中国阿尔山森林公园路线	该路线从阿尔山森林公园到柴河月亮小镇天池，沿路有草原、森林、湖泊、河流等众多景观，是一条充满自然风光的路线
中国瑶山古寨路线	瑶山古寨位于贵州省荔波县，是一个古老民族文化与现代文明交相辉映的白裤瑶聚居村落，游客能体验"东方印第安人"的文化和生活方式

　　汽车上的辅助自驾游交通设施主要包括智能驾驶辅助系统的各种功能，如并线辅助功能、道路交通标识识别系统、自适应巡航（ACC）、疲劳驾驶预警系统等，这些功能旨在提高驾驶的安全性和效率，减少驾驶过程中的疲劳和错误操作，从而提升自驾游的舒适度和安全性。这些辅助系统通过不同的方式提升自驾游的安全性和便利性，使得长途自驾游变得更加舒适和安全。

　　森林中常见的辅助自驾游交通设施如下：一是道路标识。清晰明确的道路标识对自驾游非常重要，如路标、指示牌、限速标志等可以帮助驾驶者了解道路状况和方向。二是停车场。其通常设置在森林入口、景点周边的合适位置，可以为自驾游游客提供安全、便利的停车场所。三是加油站或充电站。如果自驾距离较长，加油站或充电站可以满足车辆对燃料或电力的需求。四是修车厂或救援服务。基本的修车设施和紧急救援服务，可以帮助游客应对车辆故障或突发情况。五是休息区。自驾路途中的休息区，让游客有机会休息、放松，同时也可以为其提供卫生间、饮水设施等。六是通信设施。良好的通信信号覆盖可以让游客保持与外界的联系，遇到问题时能够及时求助。七是地图和导航。森林地区的地图和导航服务可以帮助驾驶者规划路线和找到目的地。八是道路维护。森林中的道路应定期进行维护和修缮，以确保道路的平整度和安全性。这些辅助交通设施可以提高自驾游的便利性和安全性，让游客更好地享受森林之旅。同时，游客在自驾时也应该遵守交通规则，尊重自然环境，保护森林的生态完整性。

综上所述，森林康旅通勤设施旨在基于环境保护和可持续发展的原则，为游客提供一种健康、绿色的旅游和通勤方式，以促进游客与自然的互动。这些设施的完善可以提升游客的旅游体验，促进森林旅游业的发展，并为当地经济带来积极影响。

二、森林康旅接待设施

森林康旅接待设施是为了满足游客在森林环境中进行健康旅游和休闲活动而提供的一系列设施和服务，主要包括酒店、接待中心、健康大数据管理中心、康复医疗中心、养老公寓、康养示范小区、森林体验园、后勤办公等配套设施。这些设施旨在为访客提供舒适、便利的住宿和康养服务，满足游客在森林环境中的各种需求，包括休闲、度假、疗养、养老等。

森林康旅接待设施是森林康旅产业的重要组成部分，它们不仅能够提供直接的住宿和康养服务，还能够通过配套设施的提升和完善，提升游客的满意度，进而促进森林康旅的发展。同时，这些设施的建设和管理也需要考虑生态保护的原则，确保在提供服务的同时不破坏森林的生态环境，实现可持续发展。

（一）森林住宿设施

森林住宿设施是森林康旅接待设施中的一个重要组成部分，是为游客提供在森林环境中过夜休息的场所。森林住宿设施不仅为游客提供了舒适的住宿环境，还通过引入现代便利设施，提升了游客的体验感。例如，福建永安首个"森林驿站"，为游客提供了包括饮水机、微波炉、空调、电视、应急药箱等基本设施，并且创新性地设立了智能门禁、远程摄像头等现代设施，成为一个 24 小时免费对外开放的服务点，满足了游客的多方面需求。

常见的森林住宿设施如下：一是森林木屋。其通常建在森林中，以木材为主要建筑材料，给人一种与自然融合的感觉。木屋内部设施齐全，能够为游客提供舒适的住宿体验。二是露营营地。营地通常会为游客提供帐篷、露营车或简易木屋等住宿选择，让他们能够亲近大自然，感受露营的乐趣。三是树屋。这是一种建在树上的特色住宿，一般设有窗户可以欣赏森林景色，给人一种独特而新奇的体验。四是民宿。森林周边或内部的民宿通常具有独特的设计风格，能够为游客提供更加个性化的住宿服务。五是生态旅馆。这种旅馆以生态环保为理念，采用可持续的建筑和经营方式，同时提供与自然相关的活动和体验。

森林住宿设施注重与森林环境的融合，旨在让游客在享受舒适住宿的同时，能够最大限度地接触和感受大自然。它们不仅为游客提供了休息的场所，还能增强森林康旅的吸引力和体验感。无论选择哪种住宿设施，游客都可以在森林中度过一个宁静、舒适的时光，与大自然亲密接触，放松身心。

（二）森林餐饮设施

森林餐饮设施是森林旅游中为游客提供饮食服务的相关设施。这些设施通常位于森林或其周边地区，旨在让游客在享受自然美景的同时，也能品尝到美味的食物。森林餐饮设施通常包括特色餐厅、烧烤区等，这些场所的设计和装饰都充满了自然元素（如大量的绿色植物、原木色家具等），营造出一种与自然和谐共处的氛围。此外，一些森林餐饮设施还提供户外露台区域，让游客可以在享受美食的同时，欣赏周围的美景。这样的设计不仅满足了顾客对美食的追求，还提供了一种独特的就餐体验，让游客在繁忙的生活中找到一片宁静的绿洲，享受与大自然的亲密接触。

常见的森林餐饮设施如下：一是森林餐厅。这类餐厅通常位于森林内或其附近地区，能够提供各种美食，且环境优美，让游客在就餐的同时也能感受大自然的氛围。二是露天野餐区。露天野餐区允许游客自带食物进行野餐，享受户外就餐的乐趣。三是小吃摊或咖啡馆。这些餐饮设施能提供简单的小吃、饮料等，方便游客在游览过程中休息和补充能量。四是烧烤区。它能提供烧烤设备和场地，游客可以自行烤制食物，但必须确保森林防火安全。五是农产品展销区。它用于展示和销售当地的农产品，让游客品尝到新鲜的当地特色食物。

森林餐饮设施注重与自然环境的融合，多采用环保材料和可持续经营方式。它们不仅满足了游客的饮食需求，还为游客提供了一个与大自然亲近的机会，增强了森林旅游的吸引力和体验感。

（三）森林会议设施

森林会议设施是一种集生态与商务于一体的综合性设施，旨在为参会者提供一个自然、舒适且高效的会议环境。这种设施通常位于风景优美的森林或自然环境中，通过巧妙地利用自然景观和建筑设计，为参会者带来独特的会议体验。森林会议设施不仅提供了高端大气的会议场所，还配备了先进的会议系统和高品质的音响设备，以确保会议的高效进行。此外，这些设施还可能包括多功能厅、VIP 接待室、餐饮服务等，以满足不同规模和类型的会议需求。例如，东台黄海森林国际会议中心总投资 2.5 亿元，建筑总面积达 1.8 万平方米，分为东、西两区。东区主要承办会议宴会，而西区则提供餐饮商务配套服务。该会议中心还拥有水杉语厅、会议室、VIP 接待室等多个功能区域，可容纳不同规模的会议和活动。此外，该会议中心还设有海上森林主题餐厅和餐饮包厢，为参会者提供丰富的餐饮选择和舒适的休息环境。这些设施共同营造了一个既适合商务交流又适合休闲旅游的理想场所。

常见的森林康旅会议设施如下：一是会议场所。例如，会议室、宴会厅等可容纳不同规模的会议和活动。二是会议设备。例如，音响、投影仪、屏幕、网络等能满足会议的技术需求。三是休闲区域。例如，户外庭院、露台等能提供休会期间休息、放松的空间。

森林康旅会议设施旨在利用森林的自然环境和生态优势，为参会者营造放松的氛围，使其可以在会议的同时享受森林的清新空气、美丽景色，从而促进身心的健康和工作效率的提高。会议举办方在选择森林会议设施时，可以考虑以下六个因素：一是设施的完备性。会议举办方应确保设施能够满足会议的技术和设备要求。二是场地的容纳能力。会议举办方应根据会议规模选择合适的场地。三是自然环境和景观。会议举办方应选择拥有优美自然景色的地点，以提升会议体验。四是餐饮和住宿品质。会议举办方应了解餐饮和住宿的质量和服务水平。五是健康活动和休闲设施。会议举办方应评估供应商是否能提供丰富的健康活动和休闲设施。六是交通便利性。会议举办方应考虑设施的地理位置和交通便利性，是否方便参与者的到达和出行。利用森林康旅会议设施举办会议，不仅可以为会议增添独特的氛围和体验，还能让参会者在紧张的工作中得到放松和恢复，从而使会议取得良好的效果。

（四）森林教育设施

森林教育设施是一种以自然环境为主要教育场所的相关教育所需设施设备，旨在让游客身临其境地感受自然，并了解自然规律和生态知识，进而培养自然保护意识和环保行动能力。森林教育强调游客的自由探索与发现，鼓励他们从自己的兴趣出发，自主选择活动和任务，并通过团队合作和社交互动，促进彼此之间的交流和理解，从而培养其创造力、探究精神和问题解决能力。森林教育不仅包括传统的森林学校教育，还包括利用仿真森林或在城市中可利用的绿地、大面积草地或空地进行的户外教育活动。这种教育形式重视户外教育内容，而非局限于特定的"森林"环境，其灵活性和适应性，使其即使在城市环境中也能有效地进行。例如，森林幼儿园是德国创新探索出的教育模式，并在全球流行。在德国，森林幼儿园是一个被描述为"没有天花板或墙壁"的地方，幼儿园教师和儿童会在森林中开展大量的学习和实践活动，每天待在户外的时间非常多。这种教育模式不仅能让孩子亲近自然，学习环保知识和野外生存技能，还能锻炼他们的观察力、创新力、想象力及沟通交流、野外生存等能力。据统计，德国已有超过 1 500 所森林幼儿园，而且已经拓展到了欧洲以外的国家，如日本、韩国、美国、加拿大等。森林学校则是另一种形式的森林教育模式，它注重让孩子从直接经验中获取知识，提倡"课程应是孩子学习的发展资源"的理念。森林学校的实践并不局限于森林或者林地，它重视的是户外的教育内容，而非"森林"的形式本身。缺少这些资源的城市可以利用仿真森林或学校附近的大面积草地或空地作为教育场所。

常见的森林教育设施如下：一是自然教育中心。自然教育中心是专门设计的建筑或场所，可以用于举办各种自然教育活动，如展览、讲座、工作坊等。二是解说标识和展示牌。设置在森林中的标识和展示牌，可提供关于植物、动物、生态系统等的信息和解说。三是生态步道和小径。这类设计良好的步道和小径，能让游客在行走中亲近自然、观察生态。四是观察站和观景台。它们能为游客提供较好的观察视野，便于游客观察野生动植物、欣赏森林景观等。五是教育手册和指南。这些教育资料可以用于展示森林康旅的相关知识和活动。六是体验设施。例如，森林露营区、树屋、自然艺术工作室等能让游客通过亲身参与来深入感受森林康旅。七是教育项目和活动。教育项目和活动是由专业人员组织的，如生态探索营、自然导览、手工艺制作等。这些教育设施可以在森林公园、自然保护区、生态旅游区等场所中找到。它们的设置有助于增强游客对自然环境的认识和保护意识，同时促进森林康旅产业的可持续发展。

森林教育设施，通过为游客提供有关自然、环境、生态和健康等方面的学习和体验的场所，让游客可以更深入地了解自然界的奥秘。这样的教育体验不仅对个人的成长和健康有益，也有助于培养游客对生态保护的责任感和行动意识。

（五）森林疗养设施

森林疗养设施是指在森林环境中，为开展森林疗养活动而专门建设或设置的一系列场所、设备及相关配套设施。森林疗养设施的核心在于利用森林的特殊环境，通过森林静息、森林散步等活动，实现促进身心健康、预防和治疗疾病的目标。此外，森林疗养设施还可能包括特定的设计元素，如多种材质步道，这些步道通常位于林间环境，设计有木桩步道、鹅卵石步道、碎石步道等多种材质，每种步道都会让游客有不同的行走体验，旨在通过视、听、嗅、味、触等多感官体验，让游客更真切地感受季节变化和自然的美好，从而缓解压力，促进身心健康。例如，德国巴登巴登小镇，位于黑森林脚下，是德国森林康旅实践的代表之一，拥有丰富的温泉资源，提供了多样化的温泉疗养服务。此外，巴登巴登小镇还拥有众多文艺设施，如歌剧院、音乐厅等。又如，日本 FuFu 山梨保健农园，位于日本山梨市山区，是日本知名的森林疗养基地。该农园以酒店为载体，提供丰富的游玩及康体配套，并配备具有专业资质认证的服务人员。

常见的森林疗养设施如下：一是森林疗养院和康疗中心。这类设施通常提供住宿、健康餐饮、体检、理疗等综合服务，游客可以在这里接受专业的健康检查和治疗，同时享受森林的自然氛围。二是森林温泉浴场。这类温泉浴场多利用地下温泉资源，提供温泉泡浴、水疗等服务，帮助游客放松身心、缓解疲劳。三是瑜伽馆和冥想室。这类设施提供瑜伽、冥想等课程和空间，帮助游客舒缓压力、调整身心状态。四是森林步道和健身设施。设置在森林中的步道和健身器材，供游客进行散步、跑步、健身等活动，享受森林中的新鲜空气和运动的乐趣。五是自然疗法设施。例如，芳香疗法、草药疗法等设施利用自然植物的功效来促进身心健康。六是休闲活动设施。例如，钓鱼池、花园、棋牌室等设施能提供各种休闲娱乐活动，让游客在放松中恢复活力。七是健康工作坊。这类设施通过举办关于健康生活、营养、压力管理等主题的讲座，为游客提供相关知识和技能培训。

森林疗养设施旨在让游客与自然亲密接触，通过森林的环境和资源来促进身心健康。游客在这里可以远离城市的喧嚣和压力，沉浸在大自然中，享受宁静、放松和养生的益处。不同的森林康旅疗养设施可能会有不同的特色和服务项目，具体的设施和活动会根据所在地的自然条件和市场需求而有所差异。部分世界代表性森林疗养设施如表 4-2 所示。

表 4-2 部分世界代表性森林疗养设施

名称	简介
德国多林根森林医院	该医院位于德国黑森林中，被郁郁葱葱的森林包围着，具有治疗、康复、保健和疗养的功能。该医院主要采取各种自然疗法（如古典顺势疗法、理疗等），提供全面的医疗服务
荷兰 Groot Klimmendaal 康复中心	该中心位于荷兰东部阿纳姆的森林中，是一个友好、开放、可在原生自然环境中活动的疗养之地。该中心是环境的一部分，是社区的中心，可以提供全方位的康复服务
瑞士 Berg Oase 健康中心	该中心位于瑞士 Arosa 山底的馥郁丛林，是一个集健身、水疗等多种功能的森林野奢酒店。该中心整合周围村庄、树木、山脉等视觉元素，提供全面的健康和健身服务

表4-2（续）

名称	简介
中国良瑜森林康养基地	该基地位于中国重庆南州区金佛山西坡，依托金佛山的良好生态，提供康养社区、康体中心、特色商业坊、中医养生、千亩生态农场等一系列康养配套设施，是一个假日休闲游乐胜地
中国乐村·兴茂森林康养基地	该基地位于中国重庆水江镇，以健康产业为核心，规划有康养小镇、运动拓展基地、生态科普乐园、研学游基地、康养基地、景观住宅等多业态产品，提供吃喝玩乐游娱购一应俱全的设施
中国中海黎香湖森林康养基地	该基地位于中国重庆黎香湖镇，利用广阔水域带来清新湿润的气候环境，提供综合运动公园和水上运动基地，游客可体验皮划艇、划龙舟等水上项目的快乐，感受清凉世界

三、森林康旅休闲设施

森林康旅休闲设施是指为游客提供康养、康复、休闲、娱乐、健身、疗养等服务的设施总称，它们通常位于森林或自然环境中，旨在让游客在享受自然美景的同时，获得身心放松。这些设施包括儿童乐园、泳池、温泉等，它们共同构成了森林休闲体验的一部分，旨在让游客能够在休闲时光中享受森林的美景和益处。

（一）森林露营区和露营地

森林露营区和露营地是专门为露营者提供休闲活动的地点，它们通常位于风景优美的地方（如城市近郊、风景名胜区或旅游景区），旨在为露营者提供休闲活动的专门区域。这些区域不仅提供了基本的露营设施，如帐篷、小木屋、移动别墅等，还配备了运动游乐设备，并安排有娱乐活动、演出节目，确保了露营者的安全性和舒适性。这些区域可以让露营者短时间或长时间地生活，并享受与大自然的亲密接触。森林露营区是依托森林资源为游客提供户外露营体验及相关休闲娱乐活动的特定区域，能让游客在微风习习、温度适宜的森林环境中，享受景色秀丽的大自然。森林露营区不仅是大人放松心情、找寻自由的宝藏之地，也是供孩子玩耍的好去处，提供如湖边漫步、草坪嬉戏等多种活动，以及儿童游乐项目和水上无动力游乐项目等，确保大人和小孩都能在这里找到乐趣。露营地则包括营地露营地、帐篷露营地、房车露营地和特殊露营地等多种形式。其中，营地露营地主要是指有一定基建的商业营地，通常设有半永久帐篷、水、厕所甚至淋浴房等设施；房车露营地则特别为房车爱好者设计，提供供水和供电设施、污水处理装置、卫浴设施等，有的还提供洗衣、熨衣、加注燃气等服务，适合短期旅行或长期居住。总的来说，无论是森林露营区还是一般的露营地，都是为了让游客能够亲近自然、享受户外生活而设计的，提供了各种设施和服务，确保了游客的安全和舒适，同时也促进了游客与自然的和谐相处。

森林露营区和露营地的常见设施如下：一是营地空间。该区域供游客搭建帐篷、放置设备和休息。二是基本设施。例如，饮水机、卫生间、淋浴等设施能满足游客的基本生活需求。三是野餐和烧烤区。该区域为游客提供野餐桌子、烧烤架等，方便其进行户外烹饪和用餐。四是活动区域。例如，篮球场、足球场、篝火区等活动区能供游客进行休闲和集体活动。五是安全措施。例如，警示标志、消防设施等能确保游客的安全，特别是森林防火安全。

相较于传统的旅游住宿方式，森林露营区和露营地更强调与自然的接触和户外体验，游客可以在这里感受大自然的宁静，呼吸新鲜空气，欣赏星空和日出日落的美景。在选择森林露营区或露营地时，游客可以考虑以下因素：位置、设施条件、安全性、周边环境以及是否符合自己的露营需求和偏好。同时，游客也要注意遵守营地的规定和保护环境，保持营地的整洁和生态平衡。部分世界代表性森林露营区和露营地如表4-3所示。

表4-3　部分世界代表性森林露营区和露营地

名称	简介
英国红鸢树树上帐篷	该露营地位于英国威尔士波厄斯郡的树林中，由英国设计工作室Luminair设计。这是一个挂在树丛之间的球形帐篷，内部空间宽敞，配备了炉子、水池和厕所等设施，提供了一种独特的住宿体验
比利时树上悬挂的泪滴形帐篷	该露营地位于比利时的博格隆森林内，由荷兰艺术家Dre Wapenaar设计，这种帐篷结构模糊了雕塑和建筑之间的界限，为享受户外活动提供了一种低影响的方式

表4-3(续)

名称	简介
智利巴塔哥尼亚营地	该露营地位于智利巴塔哥尼亚的百内国家公园内,灵感源于当地游牧土著的居住方式,提供了四星级酒店的配套设施,同时尽可能减少对自然环境的影响
中国诺尔丹营地	该露营地位于中国甘肃的桑科草原,为游客提供了与自然和谐共处的露营体验。这里注重环境保护,遵循"无痕"原则,确保游客在享受自然的同时不破坏生态环境
中国净月潭国家级风景名胜区	该景区位于中国吉林,以其30多个树种的完整森林生态体系和4万平方米的樟子松林而闻名。这里提供了多种户外活动(如徒步、乘坐画舫、湿地竹筏、星空缆车等),以及集自然美景和户外活动于一体的多个露营地
中国天怡近山森林露营公园	该公园位于中国吉林,拥有5万平方米的湖面和2万平方米的花海,是一个真正会呼吸的露营公园,包含offweek主区域、黑石森林区域、湖畔花海区域、丛林秘境区域,为游客提供了一个与大自然亲密接触的环境

(二)森林野餐区和休息亭

森林野餐区是指专门为游客提供户外餐饮体验的区域,通常位于风景优美的地方。森林野餐区为游客提供了舒适的休闲场所,游客可以在草坪上铺开野餐布,享受一顿丰盛的户外美食。野餐活动不仅让游客能够享受美食,还能同时欣赏周围的自然风光,是一种非常受欢迎的户外活动。休息亭则是让游客休息和观赏风景的地方,通常位于风景秀丽的位置,如山丘、湖泊或林间小道旁。这种亭子通常具有遮阳和防雨的功能,为游客提供了一个舒适的休息场所,使他们在享受自然美景的同时,也能得到必要的休息。例如,四明湖畔红杉树林,位于宁波市余姚梁弄镇,为游客提供了一个美丽的自然环境,适合进行野餐和休息。这里以红杉树林和湖畔美景著称,吸引了众多游客前来享受自然之美。又如,安吉小杭坑营地,位于安吉。这个营地强调"碳中和"和"生态文明建设",为游客提供了一个舒适且贴近自然的野餐和休息环境。综上所述,森林野餐区和休息亭都是为了提升游客的户外体验而设计的设施。森林野餐区侧重于提供餐饮和休闲的场所,而休息亭则侧重于提供休息和观赏风景的空间。

森林野餐区是专门划设的一块区域,通常设有桌椅、草坪或其他野餐设施，供游客摆放食物和享受野餐。这些区域可能还提供水源、垃圾桶等便利设施。游客可以在这里与家人、朋友一起分享美食、欣赏美景，度过愉快的时光。休息亭则是一些固定式的亭子或遮蔽结构，具备遮阳、避雨和休息的功能。休息亭可能有座位、顶棚或栏杆等，可以让游客放松身心、欣赏森林美景，或者进行短暂的休息和停歇。

森林野餐区和休息亭旨在为游客提供便利和舒适的户外体验，让他们能够更好地享受森林的宁静和美丽。在这些区域，游客可以与自然亲近、呼吸新鲜空气、放松心情，同时也促进了社交和家庭互动。需要注意的是，在使用森林野餐区和休息亭时，游客要遵守相关规定，保持环境整洁，不随意破坏周围的自然景观和生态环境。此外，不同的森林地区及其管理要求，可能会有一些不同的限制和注意事项（如禁止火源、限制人数等）。

（三）森林亲子互动游乐区

森林亲子互动游乐区是一个集教育、探险、科技、玩乐为一体的综合性、沉浸式互动游乐区域，旨在通过多样化的互动游乐项目，给家长和孩子提供一个亲近自然、增进亲子关系的场所。这些游乐区通常以森林为背景，提供各种户外和室内活动，如树上探险、滑索、昆虫科普等活动，旨在激发孩子的好奇心和求知欲，同时也为家长和孩子提供共同学习和探索的机会。森林亲子互动游乐区让孩子在玩耍的同时也能学到知识，并感受自然的魅力。例如，酉阳松鼠丛林乐园坐落在桃花源国家森林公园内，该乐园内有各种游乐项目和憨态可掬的萌宠动物，是一个集生态旅游、亲子互动、休闲度假、科普教育、野外探险为一体的原生态亲子互动乐园。又如，松鼠咔咔乐园是一个以森林和松鼠为主题的互动游乐区，其兼具动物游乐体验和森林自然教育功能。

综上所述，森林亲子互动游乐区不仅是一个供孩子娱乐的场所，还是一个促进亲子交流、增长知识的平台，通过丰富的活动和项目，让家长和孩子在自然环境中共同成长，加深彼此的情感联系。部分世界代表性森林亲子互动游乐区如表4-4所示。

表 4-4　部分世界代表性森林亲子互动游乐区

名称	简介
加拿大 Enchanted Forest 魔法森林	该森林位于不列颠哥伦比亚省山城 Revelstoke 以西 23 千米处，占地 40 英亩，是加拿大西部最著名的景点之一。这是一处完全由手工打造的童话仙境，由 Needham 夫妇以手工混凝土雕塑成各式经典的童话形象，并与森林环境有机结合，重现了安徒生童话、格林童话和民间童谣中的诸多场景。魔法森林最初于 1960 年对外开放，以加拿大最高的梦幻童话树屋面向世界，吸引了众多游客前来游览。时至今日，魔法森林一共拥有 350 多个童话主题的手工雕塑
加拿大德斯凯索花园魔法森林	该森林位于拉平弗林特里奇，是一个 160 英亩的户外仙境，包括山茶花森林和国际玫瑰园的花卉展览。它将森林中迷人的花卉绿植与科技相结合，吸引了许多游客前往探索。多年来，魔法森林在各地举办过多次活动，赢得了许多赞誉。在这里，游客们可以沉浸在独特而神奇的体验中，享受舒心、悠闲的夜晚
德国伊萨塔尔童话森林休闲公园	该公园位于慕尼黑南边，距离慕尼黑仅 30 分钟车程，是一个独一无二的家庭休闲公园。这里有 20 多部童话故事中的 260 多个童话人物，一按按钮他们就可以四处移动，能让全家人都感到其乐无穷，尤其是孩子。大量的游玩项目和别具一格的游戏和攀登设施让父母和孩子都可以在这里有难忘的经历
中国丽水秀山公园	该公园以"森林中的童话"为主题，结合原始地形特征，为亲子家庭提供休闲、游览观光、亲子互动的生活空间。公园通过设置六大主题场景，如"初遇秘境""玩沙天地"等场景，让孩子们走进奇幻的森林童话世界，体验大自然的奥秘和乐趣
中国永安湖森林公园	该公园位于成都郊外，拥有近千亩的原始森林湿地。园内古树参天，湖水晶莹，木栈道蜿蜒其间，给人一种进入自然大氧吧的感觉。公园的中心地带是宽广的湖水，湖面波光粼粼，倒映着蔚蓝的天空，形成一幅美丽的山水画卷

森林亲子互动游乐区的特点及常见设施：一是自然元素。游乐区利用森林的自然环境（如树木、草地、小溪等），营造出亲近自然的氛围。二是亲子互动设施。例如，攀爬架、滑梯、秋千、跷跷板等游乐设施，能让家长和孩子一起参与游玩。三是教育与体验。游乐区通过设置科普展示牌、自然探索小径或生态教育活动等，帮助孩子了解自然知识和生态环境。四是亲子活动项目。游乐区通过组织亲子手工制作、亲子户外运动、亲子游戏等活动，增强亲子间的沟通和合作。

森林亲子互动游乐区旨在让家长和孩子在自然中共同度过快乐时光，促进亲子关系的增进，同时也培养孩子对大自然的认识和保护意识。不同的森林亲子互动游乐区可能会有不同的设计和特色项目，家长可以根据孩子的年龄和兴趣选择适合的游乐区。在游玩过程中，家长可以与孩子一起参与活动，引导他们观察自然、学习知识，创造美好的亲子回忆。

（四）森林水上休闲活动区

森林水上休闲活动区是一个集娱乐、休闲和教育于一体的综合性活动区域，它以水上体育休闲项目为主体，提供多样化的水上活动和体验。森林水上休闲活动区不仅为游客提供了一个亲近自然、释放压力的好去处，还通过丰富多彩的水上活动，让游客在享受乐趣的同时，也能增进对水上运动和自然环境的了解和欣赏。它通常包含多个主题区域，每个区域都有其独特的特色和活动。

森林水上休闲活动区主要包括水上乐园、水上运动体验区、水上娱乐设施区等。水上乐园在森林场域中提供多样化的水上娱乐项目，如人工冲浪、沙滩走秀、水中蹦迪、泼水狂欢、粉红沙滩等。这些项目旨在为游客提供一个激情飞扬、释放自我的嬉水空间，让游客在炎热的夏季感受到清凉和乐趣。水上运动体验区专注于提供各种水上运动体验（如皮划艇、桨板、滚筒等体验），通过基础划行、绕标竞速、海洋球趣味赛等多种形式，让游客深入了解并享受水上运动的魅力。这些活动不仅有助于普及水上运动知识，还能促进民俗文化的传承。水上娱乐设施区包括各种儿童水上游乐设施，如蘑菇戏水池、七彩瓢虫窝、精灵戏水屋等，这些设施通常以花朵、蘑菇等为主题，造型可爱、生动，配以喷水枪等互动喷水设施，为孩子提供了趣味十足的游玩环境。此外，森林水上休闲活动区还有一些特色活动区域，如溪谷漂流河和丛林龙卷风等水上活动，让游客在享受自然美景的同时体验速度与激情。

森林水上休闲活动区常见的设施如下：一是自然泳池或湖泊。森林中可能有天然形成的水池或湖泊，供游客游泳、嬉戏和享受水上活动。二是水上步道或小桥。搭建在水面上的步道或小桥，可以让游客在水上漫步的同时，欣赏森林景色。三是划船设施。森林水上休闲活动区提供独木舟、皮划艇等划船工具，让游客在森林中的水道或湖泊上划行。四是水上休闲平台。游客可以在水边的平台休息、晒太阳、垂钓或进行其他水上活动。五是瀑布或喷泉。森林中的瀑布或喷泉，成为游客观赏和亲近水的景点。六是水上运动设施。例如，水上滑梯、水上攀岩等设施可以增强水上活动的趣味性和挑战性。七是温泉或水疗设施。如果森林地区有温泉资源，则可以设置温泉池或水疗设施，为游客提供放松和养生的体验。这些设施可以与森林的自然环境相结合，让游客在亲近大自然的同时，尽情享受水上活动的乐趣。当然，具体的森林水上休闲设施会因地理条件、场地规划和游客需求而有所不同。另外，在设计和建设这些设施时，也需要考虑环境保护、安全管理等因素，以确保游客的安全和森林生态的可持续性。

（五）森林温泉休闲区

森林温泉休闲区是集休闲、娱乐、养生于一体的旅游度假区，它结合了森林环境和温泉资源，为游客提供一种独特的休闲体验。这种区域通常位于风景优美的森林中，依托丰富的地热资源，建有各种休闲和娱乐设施，如树上温泉、林下花海、树屋别墅、儿童乐园等。森林温泉休闲区的特点是其空气清新、环境优美，结合了森林的宁静与温泉的舒缓，为游客提供了一个放松身心、享受自然的好去处。例如，林栖谷森林温泉度假区位于中国河北省廊坊市永清县，是一个以森林景观和树上温泉为特色的旅游度假区。它依托万亩森林和丰富的地热资源，建设了五个散布在森林中的温泉池，包括一个大池和四个小池，以及一系列休闲、娱乐项目，如林下花海、树屋别墅、儿童乐园等。这些区域不仅让游客能够享受到温泉的舒适，还能深入森林之中，体验大自然的魅力，从而达到身心放松和健康养生的目的。又如，安宁金方森林温泉位于中国昆明，是一个远离喧嚣的世外桃源，拥有四十多个泡池，大部分都处在森林里面，包括各种特色泡池如牛奶池、中药池、花瓣池等。此外，这里还有欢乐水世界、室内洗浴区等设施能为游客提供各种特色服务和体验，如按摩服务和私人浴池。再如，莫宁顿半岛温泉位于澳大利亚墨尔本，是墨尔本最大的温泉之一。这里的温泉水来自地下深层，整个环境处于大自然中，山坡上的树林中隐藏了20多个温泉池，泉水温度从36℃~43℃不等；此外，还有水疗池、桑拿房和土耳其蒸汽浴等设施。在这里，游客不仅能享受到来自地下深层的天然泉水，还能欣赏到周围的美景，体验与自然融为一体的放松和愉悦。

森林温泉休闲区将森林的自然环境和温泉的疗养功效相结合，它通常位于森林地区，拥有丰富的植被和清新的空气，同时提供温泉资源供游客享受。在这里，游客可以沉浸在大自然中，呼吸新鲜空气，感受森林的宁静和美丽。这里的温泉水通常含有对人体有益的矿物质和微量元素，被认为具有舒缓疲劳、促进血液循环、缓解压力、改善皮肤健康等功效。森林温泉休闲区通常还提供各种设施和服务，以满足游客的需求，包括温泉浴场、温泉池、水疗中心、按摩室、休息室、餐厅等。游客不仅可以在温泉中放松身心，享受温泉浴的治疗效果；还可以参加各种健康和休闲活动，如瑜伽、冥想、散步、森林浴等。

森林温泉休闲区常见的设施如下：一是温泉浴场和池塘。这是森林温泉休闲区的核心设施，提供各种温度和功能的温泉池（如热水池、温水池、冷水池等），让游客可以尽情享受温泉的疗效。二是更衣室和洗浴设施。这里为游客提供更换衣物和洗漱的地方，以保持个人卫生。三是水疗中心。这里可能包括按摩、桑拿、蒸汽浴等设施，能为游客提供更全面的放松和养生体验。四是休闲区域。这里设有舒适的躺椅、遮阳伞等，能让游客在泡温泉后休息和放松。五是餐饮设施。这里提供餐厅、咖啡馆或小吃摊位等，可以满足游客的饮食需求。六是住宿设施。森林温泉休闲区附近可能有酒店、度假村或民宿，可供游客过夜休息。七是娱乐设施。例如，游泳池、儿童游乐区、健身房等能为游客增加休闲娱乐选择。八是森林康旅商业区。森林温泉休闲区可开设一些商店出售森林温泉相关产品、纪念品等。这些设施的具体配置和规模会根据森林温泉休闲区的大小、定位和游客需求而有所不同。其目的是提供一个舒适、便利和多样化的环境，让游客能够充分享受森林温泉带来的休闲和养生益处。

四、森林康旅卫生设施

卫生设施是建筑物内供应自来水、热水及排除污水垃圾等设备的统称，包括水管、抽水马桶和接通下水道的脸盆浴缸等。游客在体验森林康旅产品时通常会产生各种垃圾，这时就需要使用卫生设施来确保不造成环境污染，从而保护森林环境。

（一）森林公共卫生设施

森林公共卫生设施主要是指森林公共卫生间。其对于保护森林环境和维护公共卫生至关重要。森林公共卫生间能够满足游客的如厕需求，减少随地大小便的情况，从而避免对森林环境造成污染。其不仅有助于保护森林的生态环境，还能提升游客的体验感，并确保游客在享受自然美景的同时，也能做到对环境的尊重和保护。森林公共卫生间的创意设计，有利于提升游客森林康旅的体验感，同时也考虑了实用性与美观性的结合，体现了对自然环境的尊重与融入。例如，昆仑山国家森林公园保护区的庭院般的森林公共卫生间，由 Lab D+H 设计，起伏的庭院分为休憩空间与功能空间两部分，并通过一条环状连廊串联而成。中庭边缘设有两处洗手处，每处有两块折叠的耐候钢板，一高一低分别供成人与儿童使用。用过的水从钢板缝隙中流入砾石过滤池，水过多时则从无边界钢板顶部溢流而出并回渗地下。

森林公共卫生间的设计和建设需要考虑以下六个方面：一是与森林环境相融合。森林公共卫生间的外观通常会尽量与周围的自然环境相融合，通过采用自然材料和色调，减少对环境的视觉影响。二是保持干净的卫生条件。森林公共卫生间内应保持清洁、干燥，并提供足够的洗手设施和清洁用品，以确保使用者的卫生和健康。三是及时处理废物。森林公共卫生间应合理设计废物处理系统，包括粪池、排水系统等，以避免对周围环境造成污染。四是具有便利性。森林公共卫生间的位置要比较好找，标识清晰。五是确保使用的安全性。考虑到使用者的安全，森林公共卫生间应具备良好的照明和通风条件。六是注意可持续性。森林公共卫生间在建设和使用过程中，要注重可持续性，如采用节水设备、利用可再生能源等。

（二）森林个人淋浴设施

森林个人淋浴设施能够为游客提供舒适的洗浴体验，并确保洗浴的安全性。

常见的森林个人淋浴设施如下：一是淋浴间。这是一个独立的空间，一般采用防水材料建造，以防止水渗漏。二是淋浴喷头。它可以调节水流和水温，让游客能够舒适地淋浴。三是热水供应。热水器或其他热水供应系统能为淋浴提供热水。四是排水系统。良好的排水系统能迅速排出淋浴水，保持淋浴间干燥。五是置物架。它用于放置洗发水、沐浴露等个人用品。六是毛巾架。毛巾架可以方便游客挂放和晾干毛巾。七是隐私保护。淋浴间可能会使用窗帘、磨砂玻璃等来保护游客的隐私。为了提供更好的用户体验，一些淋浴间还可能提供浴霸、通风设备等。同时，这些淋浴设施也需要定期维护和清洁，以确保其正常运行和卫生。

（三）森林清洁消毒设施

森林清洁消毒设施主要是指在森林康旅景区中设置的专门用于清洁和消毒的设施，旨在保障游客的健康和安全。这些设施对提升森林康旅景区的卫生标准至关重要，它们不仅能够保障游客的健康，还能提升游客的整体体验。森林康旅景区通过提供清洁消毒设施，能够更好地满足游客对健康和安全的需求，从而提升游客满意度和忠诚度。

常见的森林清洁消毒设施如下：一是洗手池。公共区域、住宿区、卫生间等地方通常会设置洗手池，并配备洗手液或肥皂，方便游客随时洗手。二是消毒液。森林康旅景区应提供消毒液，如酒精消毒液或含氯消毒液，供游客对手部、物品等进行消毒。三是清洁用品。森林康旅景区应提供清洁工具（如扫帚、拖把、垃圾袋等），以方便工作人员进行日常清洁。四是紫外线消毒灯。在一些区域（如客房、餐厅等），可以安装紫外线消毒灯，对空气和物品进行消毒。五是卫生间清洁设施。例如，自动马桶清洁器、卫生间清洁剂等可用于清洁马桶和卫生间。六是公共区域清洁设施。例如，地毯清洁剂、地板清洁剂等可用于清洁公共区域的地面和设施。此外，森林康旅景区还需要制定清洁消毒制度和流程，以确保设施的正常运行和定期维护。同时，森林康旅景区应向游客宣传卫生知识，增强他们的个人卫生意识，共同维护森林康旅环境。

（四）森林垃圾处理设施

森林垃圾处理设施主要是指为了有效管理和处理森林康旅活动中产生的垃圾而设置的设施。这些设施旨在实现垃圾的减量化、资源化和无害化，以确保森林环境和旅游区域的可持续发展。例如，鼓励游客使用可重复使用的餐具和容器，减少一次性餐具的使用，从而减少垃圾的数量；设置垃圾回收站，通过分类、回收和再利用，确保垃圾得到安全处理，并将垃圾变为有用的资源，同时避免对环境和人体健康造成危害。

常见的森林垃圾处理设施如下：一是垃圾分类回收设施。森林康旅景区可以放置针对不同类型垃圾（如可回收垃圾、有害垃圾、厨余垃圾和其他垃圾）的垃圾桶，鼓励游客分类投放垃圾。二是垃圾收集点。森林康旅景区可以放置固定的垃圾收集点，方便游客投放垃圾，并定期进行清理和运输。三是压缩垃圾桶。具有压缩功能的垃圾桶，能减少垃圾的体积，便于储存和运输。四是垃圾中转站。如果景区面积较大,可以设置垃圾中转站,将各区域的垃圾集中到一起,再进行统一处理。五是环保垃圾袋。可降解或可回收的垃圾袋可以减少对环境的污染。六是垃圾处理设备。根据当地的条件和需求,森林康旅景区可能需要配备垃圾焚烧炉、垃圾填埋场或其他垃圾处理设备。此外,森林康旅景区还可以考虑与当地环保组织合作,共同推动垃圾处理和环境保护工作。森林垃圾处理设施有助于保护森林生态环境,提升游客的体验,促进森林康旅产业可持续发展。部分世界代表性森林垃圾处理设施如表4-5所示。

表4-5 部分世界代表性森林垃圾处理设施

名称	简介
丹麦哥本哈根生活垃圾焚烧厂	该垃圾焚烧厂位于丹麦哥本哈根,由丹麦本土建筑事务所设计,于2019年建成。该设施不仅是一座垃圾处理设施,还因其新颖的外观设计成为当地标志性景观。哥本哈根生活垃圾焚烧厂屋顶建有一个1.6万平方米的滑雪场兼公园,实现了环境、经济、社会生活的共赢
奥地利施比特劳垃圾处理厂	该垃圾处理厂位于奥地利维也纳,以其童话城堡般的外观设计著称,由建筑大师百水先生设计,外墙面上涂抹着各式各样的卡通画,窗户大小不一,每扇窗户都被可爱的卡通画围绕着,天台和阳台上还种植了许多绿色树木,被誉为"世界上最美的垃圾焚烧厂"
丹麦能源之塔	该塔位于丹麦罗斯基勒自治市,年处理能力35万吨,能源利用率高达95%,能够同时提供电能和热能。该设施的设计综合考虑了环保与美观,外观极具观赏性,白天展示出本真的棕色和金属光泽,夜晚则通过灯光展示其现代感
新加坡综合废物管理设施	该设施位于新加坡大士南,由中国能源建设集团山西电力建设有限公司参建,是新加坡解决环境可持续性的重要组成部分。该项目占地18万平方米,建成后将成为世界首个实现垃圾和污水联合处理、能源自供的环保综合型设施
中国香港综合废物管理设施	该设施位于香港石鼓洲附近海域,是全球首例一体化建造废物处理发电设施。该项目包括垃圾分类回收、垃圾焚烧发电、海水淡化、污水处理等设施,日处理生活垃圾能力可达3 000吨,年均发电量约4.8亿度,可供10万户家庭使用

五、森林康旅安全设施

安全设施是指一切能够预防危害、有利安全的装备和设备，旨在保障人民生命财产安全、提高安全水平。森林康旅安全设施主要包括防火安全设施、行走安全设施、自我保护和安全自救设施、特殊安全设施等。

（一）森林警示标识系统

森林警示标识系统是一个综合性的安全提示系统，或者是一套为保障游客安全和引导游客行为而专门设置的标识体系，旨在提醒游客注意防火安全、行走安全、自我保护和安全自救等。这一系统通过设置各种标识和提示，帮助游客在享受森林康旅的同时，确保自身安全。例如，森林火险预警信号根据森林可燃物的易燃程度和蔓延程度，将森林火险分为五个等级，从一级到五级，危险程度逐级升高。森林火险预警信号依据森林火险等级及未来发展趋势，由森林防灭火指挥机构发布，分为蓝色、黄色、橙色、红色四个等级，其中橙色和红色为高森林火险预警信号。这些信号使用不同的颜色和文字注记，通过图形标识向游客传达森林火险的信息，以增强游客的防范意识。又如，特定区域安装了写有"前方有野生动物出没，注意安全"等标语的野生动物出没警示牌。这些标识的目的是提醒进入林区的游客注意自身安全，尽量避免与野生动物发生冲突，防止野生动物伤人事件的发生，从而保护生态环境安全。无论是针对森林火灾还是野生动物，森林警示标识系统都是为了提醒游客注意潜在的风险，并采取相应的预防措施，确保人身安全，同时也有利于保护自然资源。

常见的森林警示标识系统如下：一是危险警示标识。这些标识用于标识森林中的危险区域（如陡坡、悬崖、深潭等），提醒游客注意安全。二是路线指引标识。这些标识用于提醒游客在森林中的行进方向，包括景点、出口、紧急避难所等的位置。三是环保提示标识。这些标识用于提醒游客保护环境，如勿乱扔垃圾、勿破坏植被等。四是行为规范标识。这些标识用于告知游客在森林中应遵守的规则，如禁止烟火、禁止攀爬等。五是安全提示标识。这些标识用于一般性的安全提示，如注意自身安全、避免单独行动、有危险动物出没等。

森林警示标识系统的设计应该清晰、醒目、明确、易于理解，以吸引游客的注意并有效传达信息。它们的位置应合理设置，通常在关键地点和危险区域附近。同时，标识的材质和安装也要考虑到耐久性和抗风抗雨等因素。完善的森林警示标识系统能够提高游客对安全和环境的意识，帮助游客更好地享受森林康旅环境，同时减少潜在的风险和事故。此外，森林警示标识系统还可以结合其他安全措施，如安全培训、巡逻人员等，共同确保游客的安全和体验。

（二）森林体验防护系统

森林体验防护系统是指在森林康旅活动中，为游客提供的一系列安全保障和健康促进措施，以确保游客在享受森林康旅的过程中，既能获得身心的放松和恢复，又能确保其安全和健康。

森林体验防护系统的建立基于森林康旅的多重益处，包括促进健康、增强免疫力、调节情绪等，同时也考虑到游客在特殊环境下的身体状况和安全需求，通常包括以下五个方面：一是环境评估与监测。森林环境质量的评估以及森林风险因素的监测，如对森林的空气质量、水质、噪声水平、野生动物活动、地质灾害等的评估和监测。二是游客安全教育。森林体验防护系统为游客提供关于森林康旅活动的安全知识培训，包括如何避免迷路、应对自然灾害、保护自身安全等。三是导向标识系统。清晰的导向标识能够帮助游客了解森林中的路线、景点和重要设施的位置。四是生态保护措施。例如，限制游客数量、规范游客行为、进行生态教育等，以减少森林康旅活动对森林生态的影响，从而保护森林生态环境。五是设施维护与检查。森林中的防滑步道、防护栏杆、公共座椅等设施应定期进行维护和检查，以确保其安全性和可靠性。

森林体验防护系统可以提高游客在森林康旅活动中的安全性和体验感，同时也有助于森林的生态环境保护和可持续发展。在实际操作中，各地森林康旅项目可以根据各自的特点和实际情况，制定适合自身的森林体验防护系统，并不断进行优化和完善。

（三）森林紧急救援系统

森林紧急救援系统是一个综合性的应急管理系统，旨在提高森林火灾等紧急情况的应对能力，确保人员安全，减少财产损失。这一系统通常包括多个组成部分，如监测系统、预警系统、指挥调度系统等，这些系统利用先进的技术手段如无人机、卫星遥感、地面监测站等，对森林火灾等紧急情况进行实时监测和预警。通过这些手段，系统能够及时发现火情，预测火势发展，提前发出预警信息，并为相关部门提供决策依据。同时，该系统还负责协调和指挥火灾扑灭工作，包括及时调动消防力量、协调物资分配、指导人员疏散等，以提高灭火效率和质量。以森林防火为例，紧急救援系统的设计原理包括三个主要环节：一是监测环节。系统通过卫星遥感、无人机巡航、地面监测站等多种手段，对森林火灾易发区域进行全天候监测；同时利用信息化技术手段对监测数据进行处理和分析，及时发现火情。二是预警环节。系统根据火情发生的位置、火势发展情况以及气象条件等因素，对火灾可能造成的危害程度进行预测，并提前发出预警信息。预警信息可以通过电话、短信、广播等多种方式通知相关部门和人员。三是防控环节。在监测和预警的基础上，系统利用信息化技术手段对火灾扑灭工作进行协调和指挥，包括及时调动消防力量、协调物资分配、指导人员疏散等工作，以提高扑火效率和质量。此外，森林紧急救援系统还利用地理信息系统（GIS）对烟雾、火源做出预警并实现实时定位，以生成最佳扑救方案，将火险控制在萌芽状态。整个系统由前端系统、传输系统、指挥中心系统三部分组成，包括双光谱热成像一体化摄像机、防盗摄像机、喊话系统、手持终端、各种传感器等采集设备，以及烟火识别预警系统、GIS辅助决策系统等，从而提高森林火灾的预防和扑救等综合治理能力，使森林防火工作朝着现代化、科学化、制度化、法制化、专业化的方向发展。

森林紧急救援系统的目的是在紧急事件发生时，能够迅速、有效地展开救援行动，保障游客的生命安全。该系统的关键组成部分如下：一是紧急救援计划。系统应制订详细的紧急救援计划，包括应急响应流程、救援队伍的组织与职责、通信联络方式等。二是紧急救援队伍。系统应建立专业的救援队伍，包括急救人员、消防员、救援专家等，他们应具备相关的技能和知识，能够在紧急情况下迅速行动。三是应急通信系统。系统应确保良好的通信设备和网络覆盖，使游客能够及时与救援人员取得联系；同时，救援队伍内部也应有可靠的通信方式，以保证协调行动。四是实时预警系统。系统应设置监测设备和预警机制，以便及时发现可能的危险情况（如天气变化、地质灾害等），并向游客和救援人员发出预警信息。五是紧急疏散路线。系统应规划设置紧急避难所和明确的疏散路线，以便在紧急情况下引导游客安全撤离。六是教育培训与模拟演练。系统应向游客提供安全教育和指导，使他们了解如何在森林中保持安全，以及在紧急情况下如何寻求帮助；同时应对救援人员进行定期的培训和演练，提高他们的应急响应能力和救援技能。七是跨部门合作与协调。系统应与当地的医疗机构、警察、消防队等相关部门建立合作关系，共同应对紧急情况。

一个完善的森林紧急救援系统对于森林康旅的顺利进行至关重要，它能够增强游客的安全感，提高景区的管理水平。在实际操作中，各地森林康旅项目需要根据各自的特点和实际情况，对自身森林紧急救援系统进行合理的规划和配置。森林紧急救援系统中相关信号表达如表4-6所示。

表4-6　森林紧急救援系统中相关信号表达

信号	表达
火光信号	燃放三堆火焰是最常见的国际通用求救方式。将火堆摆成三角形，每堆之间的间隔相等，晚上通过点燃三堆火来发出信号，以利于救援设施或人员从空中发现目标
浓烟信号	在白天，人们通过燃烧绿草、树叶、苔藓或蕨类植物，或者在火堆中添加这些材料，可以产生明显的烟雾，有助于从空中被发现
旗语信号	人们利用一面旗子或把色泽亮艳的布料系在木棒上，并通过特定的挥动方式发出信号。左侧长划，右侧短划，做"8"字形运动，或者简单地在左边长划一次，右边短划一次
声音信号	人们通过大声喊叫、吹响哨子或猛击脸盆等方法发出声音信号。国际通用的求救信号SOS翻译成摩尔斯电码是三声短三声长再三声短
反光信号	人们利用阳光和一个反射镜发出信号光求救。罐头盖、玻璃、金属片等都可以作为反射物。持续的反射将产生一条长线或一个圆点，能引人注目
标志信号	在开阔地带（如草地、海滩、雪地等），人们可以通过摆放三块岩石、木棒或灌木来形成SOS标志或其他紧急标识
留下信息	在离开危险地点时，人们通过留下一些信号物或路标，帮助救援人员追踪其的行动路径
卫星信号	人们利用手机、平板电脑、电话手表等软件的卫星定位或紧急卫星电话发出求救信号

（四）森林安全监测系统

森林安全监测系统是一个综合性的系统，旨在通过现代科技手段对森林环境进行全面的监测和管理，以确保森林康旅活动的安全进行。这一系统通常包括多个子系统，每个子系统都有其特定的功能和目的，它们共同确保森林康旅景区的安全和高效运行。例如，森林在线监测系统具有多种功能，包括电源装置的多样性，如可使用交流电（220V）、直流电（5V、12V）、太阳能发电等；强大的可靠性能，能在各种恶劣环境中长期稳定运行，如具有防雷设计和抗干扰保护功能，以及模块化和组合式的硬件与软件设计，便于后期设备的调试与维修。此外，它还能根据传输距离选择通信方式，提供气象数据实时自动监测和远程传输功能。又如，林业有害生物监测预警系统通过自动化、远程化和精细化的害虫测报，实现对森林植物疫情的早发现、早预警、早应对，以及对有害生物发生数据的自动采集和分析统计，有助于高效指导林业有害生物的防治工作，保护森林资源安全。再如，森林防火监测预警系统通过太阳能供电技术，实现对林区全天候 24 小时大规模、大范围的实时监控，自动捕捉并发出警报；还能对可能发生火灾的位置进行定位，及时将相关信息向工作人员报送，有效预防火灾的发生。还如，森林公园负氧离子监测系统，通过先进的传感器技术实时监测和分析空气中负氧离子浓度，为提高空气质量和保护游客健康提供关键数据支持。

森林安全监测系统是一套用于保障游客在森林康旅活动中的安全的监控和预警体系，其主要功能如下：一是环境监测。系统通过传感器、监测设备等对森林的环境参数（如空气质量、温度、湿度、风速等）进行实时监测，从而判断环境是否适宜康旅活动，并及时发出预警。二是人员定位。系统利用 GPS 或其他定位技术，追踪游客在森林中的位置，有助于在紧急情况下快速确定游客位置，并进行救援。三是视频监控。系统通过设置摄像头来监控森林中的关键区域和道路，从而实时观察游客的活动情况，并及时发现异常行为或安全隐患。四是安全警报。系统通过安装紧急呼叫按钮、警报器等设备，便于游客在遇到危险时可以迅速发出警报，引起救援人员的注意。五是风险评估。系统定期对森林中的地形、植被、野生动物等进行风险评估，确定潜在的安全风险，并采取相应的防范措施。六是数据分析与预警。系统通过对监测数据进行分析，及时发现可能存在的安全隐患，并向管理人员和游客发送预警信息，以便提前采取措施避免事故发生。七是信息发布。系统通过显示屏、手机应用软件等向游客实时发布安全提示、天气预报、路线指引等信息，以提高游客的安全意识。八是应急响应。系统通过建立完善的应急响应机制，包括救援队伍的待命、应急物资的储备等，确保在紧急情况下能够迅速响应并展开救援行动。

森林安全监测系统可以有效提高森林康旅的安全性，保障游客的生命财产安全。同时，游客也需要提高自我保护意识，共同营造安全的康旅环境。

（五）森林紧急避难系统

森林紧急避难系统是一个综合性的安全保障措施，旨在为森林康旅活动提供紧急避难场所和相应的服务。这一系统主要包括应急避难场所，以及在紧急情况下为游客提供的安全疏散和救援服务。其中，应急避难场所通常是一片开阔的区域，平时可以作为休闲娱乐的好去处，而在遇到突发公共事件时，则成为紧急避难的港湾。它是具有应急避难生活服务设施，可供居民紧急疏散、临时生活的安全场所。应急避难场所需要具备基本的生活必需品、医疗救助、心理疏导等，以确保游客在紧急情况下能够得到及时的救助和支持。

森林紧急避难系统是在森林康旅活动中，为了应对突发紧急情况而设立的一系列避难措施和设施，它能在紧急事件发生时，为游客提供一个安全的避难场所，保障他们的生命安全。森林紧急避难系统的主要组成部分如下：一是应急避难场所。系统应在森林中设置明确标识的避难区域，如搭建避难棚、设立紧急避难所等，这些场所应具备一定的防护能力，能抵御自然灾害等突发情况。二是导航标识。系统应设置清晰的路标、指示牌等导航标识，引导游客在紧急情况下快速找到应急避难场所。三是通信设备。系统应配备无线电对讲机、卫星电话等通信设备，确保游客在紧急情况下能够与外界保持联系，及时寻求救援。四是应急物资。系统应在应急避难场所储备必要的应急物资（如食物、饮用水、急救药品、保暖用品等），以满足游客的基本生存需求。

森林紧急避难系统，可以有效提高森林康旅活动的安全性，减少紧急情况对游客造成的伤害。同时，游客自身也应增强安全意识，遵守相关规定和指示，积极配合森林紧急避难系统的运作。

六、本章小结

森林康旅产业的设施保障是提升游客森林康旅的体验感、确保相关产品与服务质量和促进产业发展的关键因素。完善的森林康旅产业设施保障体系能够为游客提供更加舒适和便捷的森林康旅体验，从而吸引更多的游客并促进产业的发展。具体来说，首先，森林康旅产业的设施保障的完善程度直接影响到游客的满意度和安全感。例如，住宿和餐饮设施的舒适度、交通设施的便利性等，都是游客非常关心的方面。如果这些设施不完善，不仅会影响游客的体验，还可能给游客带来不便甚至安全隐患。其次，森林康旅产业的设施保障是提升服务质量的重要手段。一个设施完备的森林康旅景区能够为游客提供更专业和高效的服务，这对提升游客的满意度至关重要。例如，如果森林康旅景区拥有专业的康养服务人员和设备，就能够为游客提供针对性的康养服务，这将大大提升游客的满意度和忠诚度。再次，森林康旅产业的设施保障是促进森林康旅产业协同发展的基础。一个完善的设施保障体系能够确保资源培育、产品开发、服务提供和市场推广等各个环节的有效衔接，从而促进产业的协同发展。如果设施保障不足，各环节之间的衔接就会受到影响，导致资源利用效率低下，影响产业的发展。最后，森林康旅产业的设施保障还是助力产业可持续发展的基础条件。森林是一个各种突发事件较为集中的场域，森林防火、步道防滑、小心野兽、注意落石等各个方面都需要一套安全预警的设施保障。做好森林康旅产业的设施保障，意义在于为游客提供高品质、有保障的康旅服务，促进森林康旅产业的持续健康发展，以及推动区域经济的可持续发展。

本章从森林康旅产业设施保障的视角出发，分别对森林康旅通勤设施、森林康旅接待设施、森林康旅休闲设施、森林康旅卫生设施、森林康旅安全设施五个部分进行了阐释。具体来说，森林康旅通勤设施包括森林道路和交通设施、连接林区的公共交通、辅助自驾游交通设施；森林康旅接待设施包括森林住宿设施、森林餐饮设施、森林会议设施、森林教育设施、森林疗养设施；森林康旅休闲设施包括森林露营区和露营地、森林野餐区和休息亭、森林亲子互动游乐区、森林水上休闲活动区、森林温泉休闲区；森林康旅卫生设施包括森林公共卫生设施、森林个人淋浴设施、森林清洁消毒设施、森林垃圾处理设施；森林康旅安全设施包括森林警示标识系统、森林体验防护系统、森林紧急救援系统、森林安全监测系统、森林紧急避难系统。

森林康旅产业的设施保障是产业持续健康发展的基础。有品质保证的康旅产品和服务，可以为森林康旅景区树立良好的品牌形象，赢得消费者的信任和忠诚，这不仅有助于提升产业的整体形象，还能吸引更多的投资者和参与者，从而促进产业的规模化、规范化发展。

第五章 森林康旅产业的服务体系

　　森林康旅产业的服务体系是一个综合性的面向游客需求的服务系统，旨在利用森林资源与健康养生相结合的旅游休闲体验，为游客提供多样化的服务，从而满足游客对旅游休闲和健康疗养的双向需求。广义的服务体系包括森林康养基地建设、主导产品开发、基础设施配套、服务项目提供、专业人员及管理团队、应急处理预案等多个方面。狭义的服务体系主要是指面向游客需求的项目服务，即通过将丰富的森林景观、沁人心脾的森林环境、健康安全的森林食品以及内涵浓郁的生态文化相结合，提供面向游客需求的多样化的服务。例如，武夷山国家公园通过强化政策扶持、引导特色发展，推动森林与文旅深度融合，打造丰富的森林旅游新业态。该公园集中展示了武夷山地区最精华的生态景观，以及相关的人文景观，为游客提供了丰富的文化与自然体验。又如，三明市大田县翰霖泉森林康养基地通过构建以森林康养为核心的旅游品牌，走出了一条独具特色的生态保护与森林康养融合发展之路。该基地依托森林、湿地等资源，提供集森林康养、实地观光、主题娱乐于一体的服务，成为游客休闲度假的热门打卡地。再如，四川汉源县通过推行"森林康养+生态保护""森林康养+产业融合""森林康养+生态旅游""森林康养+增花添彩"等模式，激发森林康养发展活力，打造林旅融合典范。该县以其独特的自然风光和清新空气，成为游客休闲度假的理想选择。还如，溪水国家森林公园通过探索"生态+服务"新模式，推进旅游服务质量再上新台阶。该公园成为集森林生态、休闲娱乐、康体养生、红色旅游、休闲避暑、科普研学等多功能于一体的综合性旅游度假区，以其高质量的服务和优美的自然风光吸引了大量游客。

一、森林康旅产业开发的咨询与规划服务

森林康旅产业开发的咨询与规划服务主要涉及对森林康旅项目的全面规划和咨询服务，包括对森林资源的评估、项目定位、目标市场分析、服务内容设计、基础设施建设规划、营销策略制定等多个方面。服务提供者需要具备多方面的专业知识和经验，以确保项目能够充分利用森林资源，既能为游客提供高质量的康旅服务，又能满足市场需求，进而实现经济效益和社会效益的最大化。具体来说，服务提供者一是需要对森林资源进行评估，包括评估森林的生态环境、自然资源、地理位置等因素，以确定适合开展康养活动的区域和项目；二是需要根据市场需求和森林资源条件，确定项目的主题和特色，如健康疗养、休闲度假等；三是需要分析目标客户群体的需求和偏好，为项目设计和营销策略提供依据；四是需要设计具体的服务项目及其相应的设施和服务流程；五是需要规划必要的住宿、餐饮、医疗等基础设施，确保项目的顺利进行；六是需要制定有效的营销策略，提高项目的知名度和吸引力；等等。

（一）森林康旅产业潜在市场调研分析

森林康旅产业潜在市场调研分析是对该产业未来市场机会和发展潜力的研究和评估。森林康旅作为一种新兴的旅游方式，将健康、休闲、养生等元素与森林旅游相结合，为游客提供了一种全新的、绿色的健康生活方式。这种旅游方式不仅受到越来越多人的青睐，而且市场需求量不断增加，尤其是城市居民，对森林康旅的认知程度和需求量都在不断提高。随着游客对健康的重视程度日益提高，森林康旅服务的普及程度不断提高，越来越多的健康服务机构开始提供森林康旅服务，以满足游客对健康的需求。同时，政府也为森林康旅产业提供了有力的政策支持，以积极推动森林康旅产业的发展。我国森林康旅产业以独特的文化底蕴、自然资源和传统医学为基础，吸引了越来越多的国内外游客。我国森林康旅产业拥有丰富的资源，包括温泉、山水、森林、湖泊等自然资源，以及中医、养生、太极、气功等传统文化资源。随着游客对健康生活的追求和消费水平的提高，森林康旅已成为一种新的消费趋势。森林康旅的开发潜力评价研究显

示，其开发需要考虑资源潜力、区位潜力、经济发展潜力、市场需求潜力和政策支持潜力等多方面因素。资源潜力包括森林面积、植被类型、生态环境等；区位潜力主要是指良好的区位条件有利于吸引更多游客；经济发展潜力与当地经济发展水平相关；市场需求潜力主要考虑当地及周边地区的消费能力和习惯；政策支持潜力则是政府对森林康旅发展的政策扶持力度和实施效果。综上所述，森林康旅市场前景广阔，发展潜力较大，其开发潜力受到资源、区位、经济、市场和政策等多方面因素的影响。为了实现森林康旅的可持续发展，相关部门需要对其开发潜力进行全面、深入的评价，并考虑如何充分利用这些因素来推动森林康旅的发展。

森林康旅产业潜在市场调研分析主要涉及如下方面：一是目标客户群体。市场调研分析需要确定可能对森林康旅产品感兴趣的人群，分析此类人群的年龄、性别、收入、健康状况、兴趣爱好等因素。二是目标市场需求。市场调研分析需要研究游客对森林康旅的需求，包括休闲度假、健康养生、户外活动、自然教育等方面的需求。三是基本市场规模。市场调研分析需要评估森林康旅市场的潜在规模，包括现有市场规模和未来增长趋势。四是竞争对手情况。市场调研分析需要分析竞争对手的情况，了解他们的产品特点、市场份额、营销策略等，以便制定差异化竞争策略。五是游客消费行为。市场调研分析需要研究消费者在选择森林康旅产品时的决策过程、消费习惯、愿意支付的价格等。六是市场发展趋势。市场调研分析需要关注森林康旅产业的发展趋势，如绿色旅游、生态旅游、健康旅游等相关趋势；另外，还需要关注新兴市场机会的定位，以寻找森林康旅产业中的新兴市场机会，如与科技结合的创新产品或服务。七是地理位置分析。市场调研分析需要考虑不同地区对森林康旅需求的差异，以及地理位置对项目发展的影响。八是季节性需求。市场调研分析需要分析市场的季节性变化，了解不同季节对森林康旅的需求情况，以便合理规划产品和制定营销策略。九是市场进入壁垒。市场调研分析需要了解进入森林康旅市场可能面临的障碍和挑战，如政策法规、资金投入、技术要求等。

森林康旅产业潜在市场调研分析可以帮助政府及投资者更好地了解森林康旅产业的市场需求和发展机会，从而为产业的政策制定提供有针对性的建议和决策依据。同时，各地区还可以根据市场情况进行产品定位、市场细分和营销策略的制定，从而提高项目的成功率和可持续发展能力。需要注意的是，市场调研分析应结合实际情况进行多角度的、深入的分析，

以确保获得准确的、有价值的信息。市场调研分析常见的工作流程如图 5-1
所示。

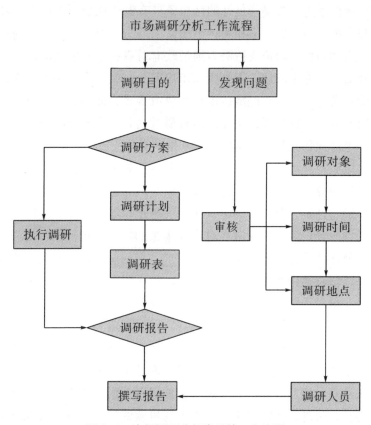

图 5-1　市场调研分析常见的工作流程

（二）森林康旅资源开发价值评估

森林康旅资源开发价值评估是指对森林地区所具备的康旅资源进行评估，以确定其开发潜力和经济价值的过程。这一评估旨在确定森林资源在促进人类健康、提高生活质量方面的潜力，以及这些资源在经济社会中的价值和作用。森林康旅资源开发价值评估主要是对森林资源的生态价值、健康价值、文化价值、经济价值四个方面进行评估。首先，生态价值评估。森林作为天然的制氧厂、负氧离子发生器、植物精气产生地、空气净化器、噪声消声器、水分涵养库和灰尘拦截网，具有极高的生态价值。这些功能对于改善和提升人类的生活环境质量具有重要意义。其次，健康价值评估。森林康旅的核心在于其能够改善气、光、水、声环境，从而促进人类的身心健康。森林中丰富多样的生态资源，如森林景观、森林食品、生态文化等为开展保健养生、康复疗养、健康养老等服务活动提供了基础。再次，文化价值评估。森林康旅不仅是一种身体上的疗养，也是一种精神上的滋养。森林多姿多彩的文化，如传统养生文化、花卉文化、乡土文化等为游客提供了丰富的精神食粮，满足了游客对美好生活的需求。最后，经济价值评估。森林康旅产业的发展，不仅能够带动相关产业的发展（如旅游业、养生业等），还能够促进区域经济的发展，提高当地居民的收入水平。同时，森林康旅作为一种新兴的产业，其市场空间大，市场潜力较大，具有成为新的经济增长点的潜力。

另外，除了上述主要方面的价值评估外，我们还需要评估以下四个方面的因素：一是旅游吸引力。森林的自然景观、野生动植物、清新空气等对游客具有吸引力。评估森林的旅游吸引力可以考虑其独特性、美观度、可达性等因素。二是社会价值。森林康旅资源的开发可能对当地社区和社会产生积极影响，如促进就业、提升地方形象等。评估森林的社会价值时，我们可以考虑其对社区发展和社会福利的贡献。三是可持续发展价值。森林资源的开发应是可持续的，不能对生态环境造成不可逆转的损害。评估森林的可持续发展价值时，我们可以考虑其资源利用的合理性、保护措施的有效性等。四是市场需求和竞争。这是指研究市场对森林康旅的需求程度以及竞争对手的情况，评估项目在市场中的竞争优势和潜力。研究和评估市场需求和竞争可以采用多种方法，如实地调查、专家评估、数据分析等。

综上所述，森林康旅资源的开发价值评估是一个综合性的评估过程，它涉及生态、健康、文化、经济等多个方面的价值考量。科学、合理地开发和利用森林康旅资源，能够为人类社会带来较大的综合效益。常用的森林资源价值及其旅游开发价值评估方法如表5-1所示。

表5-1　常用的森林资源价值及其旅游开发价值评估方法

方法	内容
市场法	该方法通过比较被评估森林资源与类似资源的异同来确定被评估森林资源的价值。其包括市场成交价比较法和市场价倒算法
收益法	该方法通过评估森林资源的未来预期收益并折算成现值来确定其价值。其包括年净收益现值法、年金资本化法和收获现值法三种方法

表5-1(续)

方法	内容
成本法	该方法用被评估资产的现时成本扣减其各项损耗价值来得出被评估森林资源的价值。其包括重置成本法、序列工数法和历史成本调整法三种方法
木材市场价倒算法	该方法是一种特殊的市场法,是将被评估林木资产砍伐后所得木材的市场销售总收入扣除木材生产经营所消耗的成本和合理利润后的剩余价值部分作为林木资源评估价值的一种方法。其主要用于成熟林、过熟林的林木资源资产评估
旅游宏观效益法	该方法主要关注森林康旅对区域经济的整体贡献,包括直接、间接和诱导性的经济影响。其通过分析旅游活动对当地经济的贡献(如就业创造、税收增加等)来评估森林康旅资源开发价值
费用支出法	该方法从游客的角度出发,通过调查游客在旅游过程中的各项费用支出(如交通、住宿、餐饮等)来估算旅游活动的经济价值。其有助于了解游客为享受森林康旅资源所愿意支付的费用,从而评估森林康旅资源的吸引力及其经济价值
旅行费用法	该方法更加注重从需求侧分析森林康旅资源开发价值,通过估算潜在旅游者因参加旅游活动而愿意支付的费用来反映森林康旅资源开发价值。其考虑了森林康旅资源的稀缺性和游客的支付意愿,是评估森林康旅资源开发价值的一种有效方法

(三) 森林康旅项目设计

森林康旅项目设计是指针对森林地区的健康旅游项目进行规划和创造的过程。它不仅关注自然环境的利用和保护,还强调在享受自然美景的同时,通过特定的活动和服务达到促进身心健康的目的。森林康旅项目设计会考虑多种因素,如森林的环境质量、空气质量、负氧离子含量等,以确保康旅效果的最优化。此外,森林康旅项目设计还包括多样化的康旅方式(如步行浴、坐浴、睡浴、运动浴等)设计,以满足不同游客的不同需求。森林康旅项目的设计和实施,对于推动健康中国战略、乡村振兴战略具有重要意义。它不仅能够提高游客的生活质量,还是促进乡村经济发展和生态环境保护以及实现低碳经济发展的重要途径。

森林康旅项目设计包括以下关键要素:一是目标定位。项目设计师需要明确项目的目标和定位,如提供森林休闲度假、森林健康养生、森林户外活动等体验。二是游客需求。项目设计师需要了解目标游客的需求和偏好,如他们在森林场域中对自然环境、康旅活动、文化体验等方面的期望。三是自然资源利用。项目设计师需要充分利用森林的自然资源（如森林步道、景观观赏点、自然浴场等），以设计与之相结合的活动和设施。四是康体活动设计。项目设计师需要根据森林环境，设计各种康体活动（如徒步旅行、瑜伽冥想、森林浴、野餐等），以促进身心健康。五是设施建设。项目设计师需要规划必要的基础设施（如住宿设施、餐饮场所、休息区域、卫生设施等），以确保游客的舒适与便利。六是教育与解说。项目设计师需要考虑提供有关森林生态、动植物等的教育解说，以游客增进对自然环境的了解和提高环境保护意识。七是合作与社区参与。项目设计师需要与当地社区合作，考虑纳入当地文化元素，以促进社区参与和共同发展。八是市场营销策略。项目设计师需要制定吸引游客的营销策略，以宣传项目的特色和优势。九是安全与管理。项目设计师需要建立健全的管理制度和应急预案，以确保游客的安全。

由此可见，森林康旅项目设计需要综合考虑自然环境、游客需求、可持续性等多方面因素。同时，项目设计师还需要与相关专业人士（如生态学家、建筑师、旅游规划师等）合作，以确保项目的可行性和成功实施。

（四）森林康旅生态保护措施咨询

森林康旅生态保护措施咨询是指为了保护森林生态系统原真性和可持续性，为森林康旅产业发展提供专业建议和指导的服务。常见的森林康旅生态保护措施咨询内容如下：一是森林康旅管理规划，即提供合理的森林康旅管理规划建议，如森林采伐、造林、抚育等方面的规划建议有助于确保森林的可持续发展。二是生态系统评估，即对森林生态系统进行评估，了解其现状、特点以及面临的威胁，从而为制定保护措施提供依据。三是珍稀物种保护，即针对森林中的珍稀物种，提供保护策略和措施，如栖息地保护策略、繁殖计划等。四是森林火灾防范，即提供火灾预防和扑灭的策略，如建立监测系统、制定火灾应急预案等。五是森林水土保持，即给出防止水土流失的方法，如合理的植被覆盖、斜坡稳定措施等。六是生态旅游规划，即提供生态旅游活动规划的建议，以确保其对森林生态系统的影响最小化，并促进游客对环境的保护意识。七是相关生态保护的法律咨询，即提供与森林的开发利用活动相关法律法规的咨询服务，以避免非法砍伐和破坏行为。

森林康旅生态保护措施咨询通常由专业的环保机构、林业专家、生态学家等提供，他们会根据具体的森林情况和保护目标，为决策者、管理者或相关利益方提供针对性的建议和解决方案。这样的咨询有助于保护森林生态系统的完整性和稳定性，从而促进森林管理和利用的可持续性。

（五）森林健康养生规划

森林健康养生规划是指通过科学的方法和手段，维护和促进人体健康、预防疾病、提高生活质量的过程。它通过科学合理的饮食、适度的运动、充足的休息和良好的心态等多个方面的综合管理，来提升个人的健康水平。森林健康养生规划不仅关注身体的生理机能，还注重心理、情绪和社会适应能力的平衡发展。在实践中，合理的饮食是至关重要的，包括选择多样化、均衡的食物，确保摄入充足的营养素，避免偏食或暴饮暴食，控制盐、糖、油的摄入量等，以降低患慢性疾病的风险。适度的运动也是健康养生的重要组成部分，人们应根据个人的身体状况和运动喜好，选择适合自己的运动方式，并保持规律性，以增强心肺功能，提高身体素质。充足的休息和良好的睡眠质量同样重要，有助于恢复体力和精力、提升工作效率和生活质量。心理健康也是健康养生不可忽视的一部分，人们通过调整好心态，学会应对压力和挑战，保持心理平衡和情绪稳定。此外，科学养生则是以科学理论和现代医学知识为指导，结合个体的实际情况，制订个性化的养生计划。它注重避免环境中的有害物质暴露，保持良好的生活环境，并定期进行体检，以便及时发现并处理潜在的健康问题。

由此可见，森林健康养生规划是一种综合性的计划，旨在通过利用森林环境和相关资源来促进身心健康。森林健康养生规划的主要内容如下：一是目标设定，即明确目标，如改善身体健康状况、减轻压力、增强自然体验等。二是森林选择，即选择适合进行健康养生活动的森林地区，如考虑森林的生态环境、空气质量、安全性等因素。三是活动设计，即根据目标和个人兴趣，设计各种适合在森林中进行的活动，如散步、慢跑、瑜伽、冥想、呼吸练习、观察自然等。四是时间安排，即制订合理的时间计划，确定在森林中进行养生活动的频率和时长，以确保能够获得最佳效果。五是健康指导，即提供关于健康养生的知识和指导，包括如何正确进行活动、注意事项、适应环境的方法等。六是设施建设，即考虑在森林中建设一些必要的设施（如休息区域、步道、标识牌等），以提高活动的便利性和安全性。七是教育推广，即开展相关的教育和推广活动，以提高游客对森林健康养生的认识和重视程度。八是个体差异考虑，即考虑不同个体的健康状况和特殊需求，为不同人群提供相应的养生建议和活动选择。九是评估与调整，即定期评估效果，以便根据实际情况进行调整和改进，从而不断提升养生效果。森林健康养生规划的实施可以帮助游客更好地享受森林带来的益处，从而促进身心健康和提升整体幸福感。

（六）森林康旅产品策划

森林康旅产品策划是指针对森林资源和旅游需求，设计、开发和推广一系列与森林健康、休闲、旅游相关的产品和活动的过程。它旨在满足游客对亲近自然、追求健康生活方式的需求，同时促进森林保护和可持续发展。这种策划不仅关注森林生态系统的功能性开发，还强调与关联业态的有机融合，通过"森林康旅+"的模式，构建成熟、多元的商业综合产品体系，以满足游客对高质量生活的追求。森林康旅产品策划的核心在于利用森林的多重功能，如心理养生功能、生理养生功能以及深厚的文化底蕴等，通过多种康养方式的结合，多学科的综合介入，从多方面促进游客身心健康。此外，森林康旅产品策划还强调保护和优化森林生态系统的重要性，在利用森林资源的同时，实现生态环境保护与可持续发展。森林康旅产品策划不仅是提高森林康旅产品质量的有效方式，同时也是实现低碳经济发展的重要途径以及创新驱动的重要突破。它可以促进乡村振兴，带动乡村产业发展，提高人们保护和建设生态环境的自觉性，从而实现经济发展与生态保护的双赢。

森林康旅产品策划需要考虑以下因素：一是市场调研，即了解目标市场的需求、兴趣和消费习惯，分析竞争对手的情况，为产品定位和差异化提供依据。二是产品定位，即确定森林康旅产品的特点、目标客户群体和核心价值，如强调自然景观、生态教育、健康养生、休闲娱乐等。三是活动设计，即根据产品定位，设计各种丰富多样的活动项目（如森林徒步、野营、生态观察、森林瑜伽、温泉浴、食疗等），以满足不同游客的不同需求。四是配套设施，即考虑建设或提供相应的配套设施（如住宿、餐饮、休闲设施、导览服务等），以提升游客的体验感和满意度。五是营销策略，即制订营销计划（如品牌建设、宣传推广、渠道选择等），以吸引游客并提高产品的知名度和美誉度。六是合作与资源整合，即与当地社区、相关机构和企业合作，整合资源，共同推动森林康旅产品的发展。七是可持续发展，即注重森林保护和可持续利用，以确保产品的开发不会对生态环境造成负面影响。八是创新与个性化，即不断寻求创新点，以推出个性化的产品和服务，从而吸引更多游客并保持产品的竞争力。

综上所述，森林康旅产品策划需要充分考虑市场需求、环境保护和可持续发展等因素，以打造有特色、有吸引力的森林康旅产品。

（七）森林康旅项目运营策略

运营策略是指企业在经营战略的总体框架下，通过运营管理活动来支持和完成企业的总体战略目标的一系列规划和决策。运营策略的内容包括生产运营过程和生产运营系统的基本问题，如产品选择、工厂选址、设施布置、生产运营的组织形式等。运营策略一般分为两大类：结构性战略和基础性战略。结构性战略涉及长期的战略决策问题，如设施选址、运营能力、纵向集成和流程选择等；基础性战略则涉及较短期的决策问题，如劳动力的数量和技能水平、产品质量、生产计划和控制等。运营策略在企业管理中具有重要作用。它不仅能帮助企业优化资源配置、提高生产效率，还能增强企业竞争优势。合理的运营策略能够帮助企业降低成本、提高产品质量、加快交货速度、增强灵活性，从而使企业在市场竞争中占据有利地位。

森林康旅项目运营策略主要涉及以下九个方面：一是产品差异化。不同的森林康旅项目通过提供不同的森林康旅产品和体验，与其他竞争对手区分开来，如开发特色的森林徒步路线、推出森林冥想课程或提供与当地文化相关的活动等。二是客户体验优化。森林康旅项目要注重提升游客在森林康旅中的体验，如提供优质的服务和便利的设施，以确保游客能够充分享受森林的宁静与美丽，并获得身心的放松和满足。三是生态教育与可持续发展。森林康旅项目可以将生态教育融入其中，以提高游客对环境保护的意识；同时要采取可持续的经营方式，以保护森林生态系统的完整性。四是合作伙伴关系。森林康旅项目方可以与当地社区、相关企业和政府机构建立合作伙伴关系，共同推动森林康旅的发展。合作形式包括资源共享、联合推广和项目合作等。五是数字营销与推广。森林康旅项目可以利用互联网和社交媒体等渠道，进行有效的数字营销和推广，从而吸引目标客户群体，以提高品牌知名度。六是活动策划与举办。森林康旅项目方可以通过定期举办各类森林康旅活动（如森林音乐节、瑜伽工作坊或生态讲座等），吸引更多游客，从而提高游客的参与度和忠诚度。七是多元化收入来源。除了门票收入外，森林康旅项目方还可以探索多元化的收入来源，如提供餐饮服务、特色商品销售或与健康相关的服务等。八是员工培训与管理。森林康旅项目方需要培训专业的导游和服务人员，以确保他们具备丰富的森林知识和良好的服务态度，从而提升游客的满意度。九是品牌建设与维护。森林康旅项目方需要打造良好的品牌形象，并通过品牌传播和口碑营销，吸引更多的游客。

以上是一些常见的森林康旅项目运营策略，具体策略应根据目标市场、地理环境和资源特点等因素进行定制和调整，其关键是要不断创新和优化运营策略，以满足游客需求，从而实现可持续的商业模式和生态保护的平衡。

二、森林康旅产品体验的导览与解说服务

森林康旅产品体验的导览与解说服务是指通过智慧导览系统提供的多元化、智能化的导游服务。这种服务能够根据游客的位置信息，结合游客对于导游、导览的基本需求，为其提供智能化的导游服务、解说服务和相关康旅知识信息提供服务。具体来说，这种服务能够详细介绍森林康旅景区的观赏点情况、历史典故信息等，游客可以在系统数据库中查找到有关景点的文字信息、图片信息等，从而获得更加丰富和深入的旅游体验。此外，这种服务还包括电子地图功能，能够为游客展示景区整体地图，并将游客位置定位在电子地图中，以为其提供游玩指引。其信息查询功能则允许游客使用系统专门的查询端口，查询景区的天气、客流量等信息。

森林康旅产品体验的导览与解说服务旨在帮助游客更好地了解和体验森林康旅产品。常见的导览与解说服务内容如下：一是景区介绍，即向游客介绍森林康旅景区的特点、历史、文化背景等信息，让游客对景区有一个整体的了解。二是路线规划，即为游客提供合理的游览路线建议（如景点的顺序、游览时间等），以帮助游客充分利用时间，更好地体验景区。三是景点解说，即在游览过程中对各个景点进行详细的解说（如景点的特色、生态环境、相关的故事或传说等），以增加游览的知识性和趣味性。四是生态教育，即向游客介绍森林的生态系统、动植物的特点和保护意

义，以提高游客的环保意识。五是活动指导，即针对一些户外活动（如徒步、露营、野餐等）提供相关的指导和注意事项说明，以确保游客的安全和顺利参与。六是互动交流，即鼓励游客提问、分享感受、进行互动交流等，以营造良好的游览氛围。七是安全提示，即提醒游客注意安全，遵守景区规定，如防火、保护环境等。

森林康旅产品体验的导览与解说服务可以让游客更好地了解森林康旅产品的内涵和价值，以及增强体验感和提高满意度。

（一）森林康旅专业导览人员

森林康旅专业导览人员是指具有专业知识和技能，专门从事森林康旅活动与体验相关导览工作的人员。他们不仅具备大众旅游和健康养生从业的基本知识与技能，还了解森林动植物及生态环境保护的知识，并具备良好的职业道德、较强的口头表达和讲解能力，以及较高的科学文化素养。他们能够从事导游服务、景区管理及相关工作，是森林生态旅游发展中不可或缺的专业人才。这些专业导览人员的培养目标是满足国家公园、自然保护区、森林公园、森林康养基地、自然教育机构、绿色酒店等相关企事业单位的人才需求。森林康旅专业导览人员还需要通过学习导游基础知识、旅游政策与法规、导游实训、森林生态旅游景区规划设计、森林生态旅游景区管理、旅行社经营与管理、森林景观与动植物观赏、生态酒店服务、旅游情景英语等主干课程，提升自身的专业素养和实践能力。

森林康旅专业导览人员通常应具备以下特点：一是知识储备丰富。他们需要熟悉森林生态、自然环境、野生动植物等方面的知识，能够向游客介绍和讲解相关内容。二是沟通能力强。他们需要具备良好的沟通和表达能力，能够清晰、生动地向游客传达信息，并解答游客的问题。三是服务意识强。他们需要具有较强的服务意识，通过关注游客的需求和体验，来提供优质的导览服务。四是安全意识强。他们需要了解森林环境中的安全注意事项，能够保障游客的安全。五是组织协调能力强。他们能够合理规划游览路线，组织游客有序参观，并协调处理各种情况。六是应变能力强。他们能够应对突发状况（如天气变化、游客身体不适等），并及时采取措施确保游客的安全和舒适。七是环保意识强。他们需要倡导和推广环保理念，以引导游客爱护森林资源，保护生态环境。

森林康旅专业导览人员通过他们的专业知识和服务，帮助游客更好地了解和体验森林康旅产品，从而提升游客的满意度和体验感。他们为促进森林康旅产业的推广和发展起到了重要作用。

（二）多样化的旅游解说方式

旅游解说是指为了实现游客、旅游景区以及旅游经营者、旅游管理者等各种主体之间的有效沟通而进行的信息传播行为。它在旅游业中扮演着至关重要的角色。旅游解说为景区内的各种元素（如碑文、建筑、自然景观等）赋予了意义，使游客不仅能了解到它们的价值，还能在情感上与旅游资源产生交流，从而创造一段难忘的旅游经历。这种解说行为不仅包括对景点的历史、文化、自然特征的讲解，还包括通过解说人员的口头表达，与游客进行互动，引导他们发现景点的美、体验旅游的意义。旅游解说词是指由解说人员在引导游客游览时使用，对人或物或景进行解释说明的一种应用文体。这种文体以口头形式为基本形式，旨在通过解说人员的表达，让游客更好地理解和欣赏所游览的对象。旅游解说的价值在于它能够触及游客的内心深处，使游客与旅游资源之间产生情感上的交流，从而为游客创造一段难忘的旅游经历。

森林康旅涉及各领域大量有关森林自然、健康养生、旅游体验的知识点，多样化的旅游解说方式有助于游客体验感的提升。常见的旅游解说方式如下：一是实地解说。解说人员在森林中为游客进行实地讲解，如介绍自然景观、生态系统、动植物等。二是讲座和演示。解说人员在特定的场所（如游客中心或室内展厅），进行关于森林生态、康旅知识的讲座和演示。三是多媒体展示。解说人员利用多媒体设备展示森林的特点、历史和文化。四是故事和传说。解说人员讲述与森林康旅相关的故事、传说，以增强解说的趣味性和吸引力。五是生态观察解说。解说人员引导游客进行生态观察（如观察鸟类、昆虫或植物的生长过程），以加深游客对自然的理解。六是科普手册和地图。解说人员为游客提供详细的科普手册和地图，让他们可以自主学习和探索。七是专家讲解。森林康旅景区会邀请相关领域的专家或学者进行特别讲解，以分享他们的专业知识和经验。八是个人化解说。森林康旅景区会根据游客的兴趣和需求，提供个性化的解说服务，以满足不同游客的学习偏好。

多样化的旅游解说方式，可以更好地满足不同游客的不同需求，提高他们的参与度，使他们更深入地了解森林康旅的意义和价值。同时，多样化的旅游解说方式也能够提升游客的体验感和满意度，从而促进森林康旅的可持续发展。

（三）森林康旅个性化服务

个性化服务是指根据用户的设定来实现的，通过各种渠道对资源进行收集、整理和分类，并向用户提供和推荐相关信息，以满足用户的个性化需求的一种服务方式。这种服务方式打破了传统的被动服务模式，能够充分利用各种资源优势，开展以满足用户个性化需求为目的的全方位服务。个性化服务的实现依赖于对用户行为的数据挖掘和机器学习分析，包括用户浏览、收藏、转发、评论新闻资讯等行为，同时结合用户的地理位置信息、阅读时间、使用习惯、所订阅的栏目和兴趣点、用户关联的社交媒体数据等，实现精准的信息推送。在网络环境下，个性化服务是指通过计算机及网络技术，对信息资源进行收集、整理、分类、分析，并向用户提供和推荐其感兴趣的相关信息，或按照用户的要求定制商品的一种网络信息服务方式。这种服务方式不仅涉及物质层面的满足，还聚焦于精神层面个体需求的实现程度，通过供需精准对接来提升服务获得感。

个性化旅游服务主要包括定制旅行计划、私人导游服务、高端酒店预订、机场接送服务、旅游保险服务、餐饮定制服务、礼品购买服务、活动组织服务。旅行服务机构能够根据游客的个人喜好、兴趣和需求，为其量身定制旅行计划，如景点选择、住宿安排、餐饮服务、娱乐活动等。旅行服务机构能够为游客提供私人导游服务，以确保游客更好地了解旅游目的地，并得到充分的照顾和关注。旅行服务机构能够协助游客预订高端酒店，并提供特别优惠和折扣，以满足不同需求。旅行服务机构通过为游客提供快捷便利的机场接送服务，确保其能够顺利抵达目的地。旅行服务机构能够为游客提供旅游保险服务，以应对可能出现的意外情况和突发状况。旅行服务机构能够协助旅客安排餐饮，让他们品尝到当地的特色美食。旅行服务机构能够提供礼品购买服务，帮助游客在旅游目的地购买当地特色礼品和纪念品。旅行服务机构能够提供活动组织服务，为游客组织各种活动（如文化体验、户外探险、夜间狂欢等），为他们提供丰富多彩的旅游体验。这些服务旨在让每一位游客在旅游中享受到贴心、周到的照顾，并获得难忘的旅游体验。

森林康旅个性化服务是指针对一些对森林康旅有私人定制需求的游客

提供的个性化服务。这种服务主要涉及以下方面：一是需求调查。旅行服务机构需要在游客预订或到达时，通过问卷、访谈等方式了解他们的兴趣、需求和期望，以便根据个人喜好提供针对性的服务。二是定制路线。旅行服务机构需要根据游客的需求，设计专门的游览路线，突出他们感兴趣的景点或活动，使游览更加个性化。三是个体互动。旅行服务机构需要与游客保持良好的互动，关注他们的反应和问题，并及时调整游览内容和方式。四是专家指导。旅行服务机构需要根据游客的需求，安排相关领域的专家或当地向导进行深入讲解，以提供专业的知识和经验分享。五是灵活安排。旅行服务机构允许游客在一定程度上自主选择游览的时间、地点和内容，以更好地满足他们的个性化需求。六是主题活动。旅行服务机构可以针对不同群体的特殊需求来组织主题活动（如亲子活动、自然摄影工作坊等），以提供个性化的游览体验。七是小众体验。旅行服务机构可以为有特殊兴趣的游客提供小众体验（如森林夜间探险、红外线观测等），以满足他们对独特和个性化体验的需求。八是后续服务。旅行服务机构需要提供后续的跟进服务，如推荐相关书籍、提供学习资料或解答游客的后续问题等。九是反馈收集。旅行服务机构需要定期收集游客的反馈意见，以了解他们对个性化服务的满意程度，从而不断改进和优化服务质量。

森林康旅个性化服务可以更好地满足游客的独特需求，提升其参与度和满意度，使每个游客都能获得独特而丰富的体验。这样的服务也有助于游客与森林之间建立更紧密的联系，增强他们对自然环境的保护意识和责任感。

（四）森林康旅游客咨询实时互动

森林康旅游客咨询实时互动是指游客在森林康旅过程中，能够实时与相关人员进行咨询和交流的一种互动方式。常见的森林康旅游客咨询实时互动方式如下：一是现场咨询点。森林康旅景区设置专门的咨询点，安排工作人员实时解答游客的问题，提供相关信息和建议。二是在线平台。利用互联网技术，通过景区的官方网站、社交媒体或专门的在线咨询平台，游客可以随时提出问题，并得到实时回复。三是智能导览设备。借助智能手机应用或其他导览设备，游客可以实时获取关于景点、路线、活动等方面的信息，并与后台支持人员进行互动。四是导游服务。森林康旅景区通过配备专业的导游或向导，与游客保持实时沟通、解答疑问，并提供个性化的建议和指导。五是互动设施。森林康旅景区通过设置一些互动性较强的设施（如信息展示牌、触摸屏等）为游客提供实时信息和互动体验。

森林康旅游客咨询实时互动旨在满足游客需求，为其提供及时、准确的信息和帮助，以增强游客的体验感。这种实时互动可以让游客更好地了解森林康旅的资源、活动和注意事项，从而更好地规划和享受他们的旅程；同时，也有助于加强游客与景区之间的联系，以帮助景区管理方了解游客的需求和意见，及时提高服务质量，从而增强景区的整体吸引力，进而促进森林康旅产业的可持续发展。

（五）森林康旅跨国语言服务

森林康旅跨国语言服务是为了满足来自不同国家和地区的游客在森林康旅活动中的语言交流需求而提供的相关服务。常见的森林康旅跨国语言服务方式如下：一是多语言导览。森林康旅景区应提供多语言的导游或解说员，以便能够用游客熟悉的语言进行景点介绍、讲解和指导，从而帮助游客更好地了解森林康旅的内容和意义。二是多语言标识和资料。森林康旅景区应在景区内设置多语言的标识牌、宣传资料、菜单等，使游客能够轻松理解和获取相关信息。三是翻译服务。森林康旅景区应提供专业的口译或笔译服务，以帮助游客在与当地居民或其他游客交流时消除语言障碍。四是多语言培训。森林康旅景区应为景区工作人员提供多语言培训，以提高他们的跨文化沟通能力，从而更好地服务国际游客。五是在线翻译工具。游客可以通过手机等设备，利用在线翻译软件或应用程序实时翻译所需信息。六是语言支持热线。森林康旅景区应设立专门的语言支持热线电话，以便游客可以随时拨打热线电话寻求语言帮助和咨询。七是文化交流活动。森林康旅景区应组织文化交流活动，促进不同国家和地区游客之间的相互了解和交流，减少语言障碍带来的影响。

通过提供跨国语言服务供给，森林康旅景区能够更好地满足国际游客的需求，提升他们的体验感和满意度，从而促进国际文化交流和旅游发展。同时，这也有助于提高景区的国际化水平和竞争力，从而吸引更多的国际游客前来参与森林康旅活动。

三、森林康旅教育功能的培训与课程服务

森林康旅教育功能的培训与课程服务是指为了促进游客对森林康旅的理解、体验和知识提升而提供的一系列教育活动和课程的服务。这些服务通常旨在帮助个人、团体或特定受众更好地认识和享受森林康旅的益处。其主要涉及森林生态旅游与康养专业的相关知识和技能培训。这一领域的培训与课程旨在培养具备森林生态资源利用、森林生态旅游服务、森林康养服务等能力的高素质技术技能人才。森林康旅教育功能的核心培训与课程包括森林生态旅游概论、服务心理学、森林动植物保护与鉴赏、旅游地理、森林文化、导游基础、旅游与康养政策法规、森林康养基础、森林生态资源利用、森林生态旅游实务等。这些培训与课程涵盖了从基础知识到实践应用的全方位学习，旨在为学员提供全面的森林康旅知识和技能。此外，森林康旅教育功能的培训与课程还强调实践操作和体验，通过实地考察、案例分析、模拟操作等方式，加深学员对森林康旅实际运作的理解。其内容包括中医养生理论在森林康养中的应用、森林康养特色资源开发与课程设计、森林康养疗法、五感体验、喀斯特地貌探索等专题，以提升学员的专业素养和实践能力。

（一）森林生态知识培训

森林生态知识培训是一种专门针对森林生态系统相关知识的教育活动。它旨在提供关于森林生态知识的培训，以增进游客对森林生态系统的认识和理解，以及培养其对环境保护的责任感，从而促进对森林的保护和可持续利用。这种培训通常涵盖森林的定义与重要性、森林生态系统与生物多样性、森林与气候变化、森林保护与可持续发展以及森林与人类生活等多个方面。培训内容包括向参与者传达森林作为地球上覆盖面积最大的生态系统的重要性，以及它们在维护生态平衡、提供生物多样性、调节气候、保持水土、净化空气等方面的作用。

森林生态知识培训可以面向不同的受众（如学生、环保志愿者、林业工作者、决策者等），并通过讲座、研讨会、实地考察、在线课程等形式进行。其主要包括以下内容：一是森林生态系统，即介绍森林生态系统的

组成部分（如植被、土壤、动物等），以及它们之间的相互关系。二是生物多样性，即介绍森林中的各种生物种类，包括植物、动物和微生物，并强调保护生物多样性的重要性。三是生态平衡与生态过程，即解释生态平衡的概念（如能量流动、物质循环等），以及它们在森林生态系统中的作用。四是森林的功能和服务，即探讨森林在气候调节、水源保护、土壤保持、空气净化等方面起到的重要作用以及为人类提供的各种服务。五是森林保护与可持续管理，即强调森林保护的重要性，包括防止滥伐、火灾和非法活动等，同时介绍可持续管理的原则和方法。六是实地考察与观察，即组织参与者实地考察森林地区，让参与者直接观察和体验森林生态，学习识别植物和动物，并了解它们的生存环境。七是数据分析与监测，即介绍如何收集和分析森林生态数据，以监测森林的健康状况和变化趋势。八是案例分析与讨论，即通过实际案例分析，讨论森林生态系统面临的挑战及其解决方案，培养参与者的问题解决能力。

（二）林下健康与养生课程

林下健康与养生课程是指依托优质的森林资源，通过将现代医学与传统中医学相结合，并配备相应的养生、休闲、医疗、康体服务设施，在森林里开展一系列以修身养性、调适机能、延缓衰老为目的的课程。这些课程不仅关注优质的森林生态环境，而且强调通过在森林环境中利用相关设施有针对性地开展较长时间的活动（如"洗肺"等），达到修身养性、调适机能、延缓衰老的目的。这种课程形式被认为是森林康旅的进阶形式，也是未来发展的趋势。此外，林下健康与养生课程还强调通过视觉、嗅觉、听觉、味觉、触觉等感受森林环境，如不同植物的色彩、森林的清香、淙淙的溪流、森林食品的美味以及不同树木的触感等，以达到放松身心和促进健康的效果。

林下健康与养生课程重点探讨森林对健康和养生的积极影响，是一门关注人类与森林环境之间相互关系的课程。其主要包括以下内容：一是森林与空气质量，即介绍森林对空气净化的作用，以及呼吸清新空气对身体健康的益处。二是森林与心理健康，即探讨在森林中散步、冥想或接触自然对减轻压力、缓解焦虑和提升心情的效果。三是森林浴，即讲解森林浴的概念和实践方法，如深呼吸、感受植物香气、观察自然景观等。四是运动与锻炼，即强调在森林中进行适度运动（如徒步、慢跑、瑜伽等）对身体健康的益处。五是自然疗法，即介绍一些利用森林自然资源进行养生的方法，如草药治疗、温泉疗法等。六是生态旅游与健康，即探讨生态旅游活动（如森林探险、野营等）对健康的积极影响。七是森林环境与疾病预防，即研究森林环境对某些疾病（如过敏、呼吸道疾病等）的预防作用。八是可持续森林管理与健康，即强调保护森林生态系统对人类健康和整个生态系统的重要性。

林下健康与养生课程通过理论讲解、实地体验、实践活动等多种教学方法，不仅可以帮助游客更好地了解和利用森林资源来促进身心健康，还可以增强游客保护和维护森林生态系统的意识。需要注意的是，具体的课程内容和重点可能会根据不同的课程设置和教学目标而有所差异。

（三）森区户外技能培训

森区户外技能培训是指针对在森林环境中进行的户外活动开展的一系列教育和训练活动，这种培训通常运用理论与实践相结合的方法，让游客在大自然中通过亲身参与和体验，学习并掌握户外活动所需的知识和技能。

森区户外技能培训主要包括以下内容：一是导航技能，即教授如何使用地图、指南针或其他导航工具，在森林中确定方向和找到路径。二是野外生存技能，即教授搭建临时住所、寻找水源、野外烹饪、野外急救等方面的知识。三是徒步和登山技巧，即教授正确的徒步姿势、步伐技巧、登山安全注意事项等。四是自然观察与识别，即帮助游客学习并识别森林中的植物和动物的自然特征。五是环境保护意识，即培养游客对自然环境的尊重和保护意识，并教授保护森林、减少环境影响的方法。六是安全知识，即普及与森林户外活动相关的安全知识，如预防蛇虫伤害、避免迷路、应对天气变化等方面的知识。七是团队合作与沟通，即强调在户外活动中团队合作的重要性，并教授有效沟通的技巧。八是装备使用和维护，即介绍如何正确使用和保养户外装备（如帐篷、背包、刀具等）。

森区户外技能培训通过课堂讲解、实地示范、实践练习等方式，提高游客在森林户外活动中的安全性、自信心和满意度。这种培训适用于喜欢户外、探险、森林徒步等户外活动的人群，也可用于教育机构或自然保护组织等的团队建设。通过培训，游客不仅能更好地适应和享受森林户外活动，还能确保自身安全并保护自然环境。

（四）森林文化与历史讲解课程

森林文化是指建立在人对森林的认识、敬畏及感恩的基础上，反映人与森林关系的文化现象。这种文化现象体现了人类对自然环境的尊重和依赖，以及对生态平衡和生物多样性的保护意识。森林历史可以追溯到古代，当时人们对森林的依赖程度较高，森林不仅为人们提供了生活必需的资源，还是人们举行宗教仪式和庆祝活动的重要场所。随着社会的发展，人们对森林的利用方式发生了变化，但对森林的敬畏和感恩之情依然存在，并逐渐发展成为一种文化现象。

森林文化与历史讲解课程是一种专门针对森林地区的文化和历史进行讲解和培训的课程。其主要包括以下内容：一是森林地区的自然历史，即讲解森林的形成、生态系统、动植物特点以及与森林相关的自然现象。二是当地文化传统，即介绍森林地区居民的传统生活方式、习俗、手工艺、音乐、舞蹈等文化元素。三是历史事件和人物，即讲述与森林地区相关的历史故事、重要事件以及对当地产生影响的人物。四是文化遗产保护，即强调对森林地区文化遗产（如古老建筑、遗址、传统技艺等）的保护和传承的重要性。五是实地考察和体验，即组织参与者实地参观森林地区的文化景点、参与传统活动、品尝当地特色美食等。六是讲解技巧和方法，即教授如何有效地传达森林文化与历史信息，包括讲解技巧、表达方式、互动方法等。

森林文化与历史讲解课程可以面向各种受众，如旅游从业人员、当地居民、学生，以及对森林地区文化感兴趣的其他人群，为他们提供更丰富、深入的旅游体验；同时增进他们对森林地区文化与历史的了解与认识，从而促进文化传承和保护。

（五）森林环境教育活动

森林环境教育活动是指以提高游客对森林环境的认识、理解和保护意识为目的的教育培训活动。这种活动强调在森林环境中进行学习，通过与大自然互动，游客可以主动发现、触摸、感受和思考，从而获得多种多样的体验。森林环境教育活动不仅有助于游客身体素质的提升，还有助于其开阔心胸，提高心理素质。森林环境教育活动的实施并不局限于真正的森林环境，而是在满足"森林自然"主题的绿色环境中都可以进行。森林环境教育活动可以让游客在森林环境中学习和感受到许多在室内环境中无法提供的知识和体验，如观察树皮纹理、感受季节变化对自然环境的影响等。

森林环境教育活动主要包括以下内容：一是森林生态知识，即通过传授森林生态系统的组成、生物多样性、生态平衡等方面的知识，帮助游客了解森林的重要性。二是环境保护意识，即通过倡导可持续的生活方式和行为，培养游客对环境问题的敏感度，从而激发其对森林保护的责任感。三是主题讲座和研讨会，即通过举办关于森林保护、气候变化、可持续发展等主题的讲座和研讨会，促进知识的交流和讨论。四是教育材料和资源，即通过提供相关的教育材料、手册、图书等，以便游客进一步学习和了解森林环境。五是实践项目和社区参与，即通过鼓励游客参与森林保护实践项目（如植树造林、垃圾清理、监测生态等），培养其环境保护能力。

森林环境教育活动可以针对不同的受众，如学生、教师、社区居民、环保组织成员等，并通过各种教育形式和活动，培养他们与自然和谐相处的观念，加深他们对森林环境的理解，从而推动环境教育的普及和发展，进而促进可持续的森林管理和保护。

（六）森林亲子教育课程

森林亲子教育课程是指在森林环境中，通过开展一系列户外活动来提高孩子在认知、社交、情感等方面的综合能力的课程。这种课程强调将孩子置于大自然的环境中，通过亲身实践学习，培养和发展他们的自信心和自尊心。森林亲子教育课程不仅让孩子在大自然中自由地探索、游戏、学习、成长，还为家长提供了一个与孩子共同学习和成长的平台。这种课程以游戏为基础，以大自然为中心，通过有计划、有设计、有主题、有目的的体验型、探究型学习过程，给予孩子探索自然的机会。森林亲子教育课程旨在通过与大自然的互动，让孩子和大自然建立更紧密的联系，培养他们的求知欲和好奇心；同时增强家庭成员之间的互动和沟通，从而促进亲子关系的和谐发展。

森林亲子教育课程主要包括以下内容：一是亲子自然探索，即通过引导孩子观察和探索森林中的动物、植物、土壤、水源等自然元素，培养他们的观察力和对自然的好奇心。二是亲子生态教育，即通过向父母和孩子讲解森林生态系统的知识（如食物链、生态平衡、生物多样性等），帮助他们理解自然的奥秘和保护环境的重要性。三是亲子户外活动，即通过提供徒步、野餐、露营等活动，让孩子亲近大自然，增强他们的身体素质和对户外活动的兴趣。四是亲子手工制作，即通过设计一些可以利用自然材料进行手工创作的活动（如制作鸟巢、松果画、自然拼贴等），培养孩子的创造力和想象力。五是环境保护意识，即通过相关活动和讲解，培养孩子的环保意识，并鼓励他们在日常生活中采取环保行动。

森林亲子教育课程通常由专业的教育机构、自然保护组织或森林公园等提供，以确保活动的安全性和教育质量。

四、森林康旅的疗愈价值、康复服务与疗养服务

森林康旅疗愈也称为森林浴或森林疗法，是指通过亲近森林的活动来促进身心健康的一种自然疗法。这种疗法的核心理念是人与自然的深度连接，即通过森林康旅疗愈，个体能够更深刻地体验大自然的美好，从而与大自然建立一种亲近的关系。这种深度连接有助于促进身心健康、减轻生活压力、提高生活质量。森林康旅疗愈的价值也得到了科学研究的支持。相关研究表明，置身于自然环境中有助于改善心理健康、提高注意力水平、增强免疫力等。森林中富含负氧离子，对人体的身心健康有着积极影响，可以减轻抑郁症状、改善不良情绪、促进身体新陈代谢。此外，森林中的植物释放的芬多精会让人体产生放松和愉悦的效果，有助于缓解焦虑、改善心情、提高睡眠质量、调整激素水平等。森林康旅疗愈的实践方法包括森林浴、森林冥想等。森林浴是人以缓慢的步伐在森林中行走，专注感知各种自然元素，以达到身心的放松和平衡；森林冥想则是人通过专注于森林中的声音和感受，进入一种冥想状态，以增强对周围环境的体验，进而实现身心的平衡和放松。

（一）森林康旅疗愈价值

森林康旅疗愈价值主要体现在其对人类生理与心理的养生保健功效上。森林康旅疗愈为人们提供了一种回归自然、追求健康的生活方式。这种生活方式不仅能让游客享受自然美景还能帮助其释放心理压力、愉悦身心、增强身体机能。

森林康旅疗愈强调旅游对游客身心健康的积极影响。其核心理念是：通过离开日常生活环境，置身于新的森林环境中，游客可以摆脱压力、放松身心、恢复活力。森林康旅疗愈的益处包括体验新环境、身心疗愈、社交互动、自我发现与成长等。其可以通过多种方式来实现，如通过参加森林养生度假、森林冥想、森林瑜伽等活动，游客可以根据自己的需求和兴趣选择适合自己的疗愈方式。森林康旅疗愈并非一种替代传统医疗的方法，而是作为一种辅助手段来促进身心健康。在进行森林康旅疗愈时，游客应根据自身状况和健康需求做出合理的选择，并在必要时咨询专业医生的建议。同时，游客在旅游过程中也要注意安全并合理地安排行程，以确保达到较好的疗愈效果。

森林康旅疗愈价值主要体现在以下七个方面：一是自然环境的疗愈作用。森林中的空气清新，且含有丰富的负氧离子，有助于游客改善呼吸系统功能，减轻压力，改善心情。二是促进身体运动和锻炼。游客参加森林散步、徒步等活动可以改善心血管健康，增强体力和耐力。三是减轻压力和放松身心。森林的宁静和自然景观有助于游客放松身心，减轻日常生活中的压力和紧张感。四是提升睡眠质量。森林环境有助于游客调节生物钟，改善睡眠质量，缓解失眠。五是增强免疫力。游客接触大自然可以刺激免疫系统，提高身体抵抗力，减少疾病发生。六是促进心理健康。森林环境能够给游客带来宁静、平和的感觉，有助于缓解其抑郁、焦虑等心理问题，从而提升心理健康水平。七是提供社交和交流的机会。在森林康旅疗愈中，游客通过与他人互动、交流，能够增强社交能力并拓展人际关系。

总的来说，森林康旅疗愈可以增进身心健康，提升生活质量，同时也促进了人与自然和谐共生。不过，森林康旅疗愈的效果可能会因人而异，因此具体的疗愈价值还需要根据个人情况和需求来评估。另外，游客在参与森林康旅疗愈时，最好遵循专业指导并注意安全。

（二）森林康旅康复服务

森林康旅康复服务是指以森林生态环境为基础，通过将森林生态资源与医学、养生学等有机融合，为游客提供的运动康复、心理疏导等康复服务。这种服务是一种将森林环境与健康旅游相结合的服务模式，旨在通过提供一系列森林康复活动和体验，促进游客身心健康。

森林康旅康复服务通常包括以下内容：一是提供森林养生活动，即通过提供森林漫步、森林瑜伽等活动，帮助游客放松身心、调节情绪、提升专注力。二是提供森林疗法，即利用森林中的自然元素（如植物香气、温泉、矿泉等）来进行康复疗养活动（如森林浴、温泉泡浴等），以达到舒缓疲劳、改善睡眠、增强免疫力等效果。三是提供健康饮食，即通过提供健康的森林美食，满足游客的饮食需求。四是提供康复设施与活动，即通过提供健身房、温泉浴场、按摩中心等康复设施，以及开展各类体育活动、康复训练，来帮助游客进行身体的锻炼和康复。五是教育与咨询，即为游客提供有关健康生活、自然环境保护等方面的教育和咨询服务。

随着游客对健康和生活质量的要求日益提高，森林康旅康复服务也越来越受到关注。这种服务不仅适用于一般人群，也对那些需要康复和调养的人群（如患有疾病、压力过大、精神紧张的人）具有较大的吸引力。

（三）森林康旅疗养服务

森林康旅疗养服务是指将森林生态资源与保健疗养相结合的一种特色服务。这种服务旨在通过丰富多样的森林景观、沁人心脾的森林环境、健康安全的森林食品等森林资源，并利用相应的疗养设施，开展促进身心健康的森林疗养活动。森林康旅疗养服务不仅是一项休闲活动，还是山区、林区重要的绿色富民产业，对于提高人民美好生活水平具有重要作用。

森林康旅疗养服务与森林康旅康复服务都是将森林环境与健康旅游相结合的服务模式，但前者更加强调疗养的功能。具体来说，森林康旅疗养服务通常包括以下内容：一是森林环境利用。游客可以通过在森林中散步、呼吸新鲜空气，感受大自然的宁静与美丽，从而缓解压力、放松心情。二是疗养活动。森林瑜伽、森林冥想、森林太极等疗养活动有助于调节身心状态，提高身体的柔韧性和平衡能力。三是水疗与温泉，即利用森林周边的温泉资源，为游客提供温泉泡浴、水疗等服务，促进其血液循环，从而达到缓解身体疲劳的目的。四是饮食调养，即为游客提供健康的有机食品，并根据游客需求定制营养均衡的饮食计划，从而帮助其改善饮食习惯。五是睡眠与休息，即通过创造舒适的住宿环境，让游客得到充分的休息和恢复。六是健康讲座与咨询，即通过邀请专业的医生、健康专家来开展讲座，为游客提供健康知识和生活建议。七是个性化疗养方案，即根据不同游客的健康状况和需求，为其制订专属的疗养计划。

森林康旅疗养服务适合各个年龄段的人群，尤其对于那些需要身心调养、康复治疗的人来说，具有较大的吸引力。

五、本章小结

森林康旅产业服务体系是支撑森林康旅产业发展的关键基础之一。构建森林康旅产业服务体系有助于将森林资源、康养资源、农业资源等有机结合并转化为经济优势，从而推动传统农业、林木产业的转型升级，并为促进林区、乡村、城市的经济发展提供机遇，进而推动乡村振兴，实现增加农民收入、扩大就业等目标。同时，该体系还能推动城市从"自然避暑城市"向"生态康养、避暑度假城市"转变，提升城市综合竞争力。此外，该体系通过加快林业、旅游业、体育业、养老业等环境友好型产业深度融合，推动健康生活方式普及。这对实施健康中国和乡村振兴等国家战略、探索生态产品价值实现的有效途径、推动区域产业转型升级以及构建区域经济新发展格局，均具有重大现实意义。

本章阐释了森林康旅产业服务体系相关主要构成部分：一是森林康旅产业开发的咨询与规划服务。其包括森林康旅产业潜在市场调研分析、森林康旅资源开发价值评估、森林康旅项目设计、森林康旅生态保护措施咨询、森林健康养生规划、森林康旅产品策划、森林康旅项目运营策略七个方面。二是森林康旅产品体验的导览与解说服务。其包括森林康旅专业导览人员、多样化的旅游解说方式、森林康旅个性化服务、森林康旅游客咨询实时互动、森林康旅跨国语言服务五个方面。三是森林康旅教育功能的培训与课程服务。其包括森林生态知识培训、林下健康与养生课程、森区户外技能培训、森林文化与历史讲解、森林环境教育活动、森林亲子教育课程六个方面。四是森林康旅的疗愈价值、康复服务与疗养服务。其包括森林康旅疗愈价值、森林康旅康复服务、森林康旅疗养服务三个方面。总之，森林康旅产业服务体系的构建，有利于推动产业高质量发展，有利于环境保护，有助于森林康旅景区打造品牌体系，促进森林康养产业与森林旅游产业的深度融合。

第六章　森林康旅产业的拓展路径

森林康旅产业的拓展路径是指推动产业发展、扩大产业规模、丰富产业内涵的一系列方式与途径。

一、森林康旅生态旅游推广

生态旅游是指以可持续发展为理念，以保护生态环境为前提，以良好的自然生态环境为基础，来开展生态体验、生态认知、生态教育并获得身心愉悦的一种旅游方式。其核心在于通过旅游活动促进自然环境保护，同时让游客获得独特的旅游体验和学习机会，从而实现人与自然和谐共生。生态旅游推广是指通过各种手段和渠道，向人们宣传和推广生态旅游的理念、价值、产品与服务等相关内容，以增进人们对生态旅游的认识，并推动生态保护意识传播和生态旅游可持续发展的一种营销与传播活动。其内容主要包括强调生态旅游的定义和理念，解释其与传统旅游的区别，宣传生态旅游的活动和目的地，提倡环保的旅游行为，提供具有参与性和教育性的旅游体验（如摄影、写生、观鸟、自然探究等）。

森林康旅生态旅游推广是一种旨在促进森林康旅产业发展的市场营销活动。这种活动旨在吸引更多的游客参与以森林为基础的康旅活动，同时增强他们的生态保护意识。森林康旅生态旅游推广通常会强调森林的生态价值、自然美景、清新空气以及与之相关的健康益处，并通过各种宣传手段（如广告、宣传册、网站、社交媒体等），向潜在游客传达森林康旅的吸引力和独特之处。

森林康旅生态旅游推广通常需要综合运用各种营销策略，以吸引不同类型的游客，并传达生态旅游的价值和意义。其常见的推广方式如下：一是宣传森林的生态特色，即通过介绍森林中的珍稀动植物、自然景观和生态系统，吸引对自然环境感兴趣的游客。二是强调健康益处，即通过宣传森林对身心健康的积极影响（如减轻压力、改善睡眠、增强免疫力等），吸引对健康养生感兴趣的游客。三是提供生态体验活动，即通过提供森林徒步、观鸟、森林浴等森林康旅体验活动，让游客亲身感受森林的魅力。四是培养生态意识，即通过教育和宣传活动，增强游客的环保意识，并鼓励他们在旅游过程中采取可持续的行为。五是利用社交媒体和网络平台，即通过分享美丽的森林照片、游客的体验故事等，吸引更多人的关注和参与。六是与当地社区合作，即通过与当地社区合作，推广当地的文化、传统和特色产品，增加旅游的地方特色。七是举办生态旅游节庆活动，即通过组织与森林康旅相关的节庆活动（如森林音乐节、生态展览等），吸引更多游客。

有效的森林康旅生态旅游推广，可以增加游客流量，促进当地经济发展，同时也有助于保护森林生态环境，从而实现森林康旅产业的可持续发展。

二、森林主题活动

森林主题活动是指以森林为背景和主题的活动，旨在通过创新、互动和环保的方式，吸引游客亲近自然、体验自然，同时增强环保意识。这种活动应注意活动设计的创新性，即通过富有创意的活动环节（如森林寻宝、丛林探险等），使其与众不同，以吸引更多游客。同时，森林主题活动还强调环保理念，可设计垃圾分类、植树造林等环保主题的活动，增强游客的环保意识，从而为环境保护事业做出贡献。

常见的森林主题活动如下：一是生态系统保护，即强调森林对生态系统的重要性，如保护生物多样性，维护生态平衡和提供生态服务等。二是自然与人类健康的关系，即研究和宣传森林对人类健康的积极影响，如缓解压力、促进身心健康等。三是生态教育，即通过教育活动和宣传，增强游客的环保意识。四是森林疗法，即通过森林疗法（如森林浴、冥想、瑜伽等），促进游客身心健康。五是户外活动，即通过组织森林徒步、露营、骑行等户外活动，吸引喜欢户外活动的人群。六是森林与气候变化，即探讨森林在应对气候变化中起到的作用，如吸收二氧化碳、减缓全球变暖等。七是社区参与和地方发展，即通过与当地社区合作来促进地方经济发展。在实践中，不同森林康旅景区应结合当地发展需求和目标受众需求选择适配的森林主题活动。

三、森林文化节庆活动

森林文化节庆活动是指以森林和文化为主题的节庆活动和公益盛会，旨在通过丰富多彩的活动形式，提升游客对森林保护和文化传承的认识和参与意愿。这种活动通常围绕"生态、生命、生活"的核心理念，通过举办各种形式的体验项目（如"增彩园林 飞鸢探春""感受'森'呼吸""走进'林'距离"等），让游客能够深入森林，感受大自然的魅力，提升获得感和幸福感。此外，这种活动还注重教育和科普，通过森林大课堂森林科普讲座等形式，传播森林生态及其保护的知识，倡导人与自然和谐共生的理念。例如，北京西山国家森林公园红叶文化节特别推出森林康养、自然科普、文化创意、非遗手工和儿童游乐五大板块，通过一系列精彩活动让游客在欣赏红叶的同时，领略文化与自然的高度融合。文化节期间，游客可以在森林大舞台、红叶大峡谷等地观赏红叶，听专家讲解健康养生知识，学习多肉及花卉植物的栽培与养护知识。同时，文化节还为孩子们安排了昆虫标本展览等自然教育活动，并邀请文创企业、非遗传承人和文艺团体参与，现场展示传统手工艺品，让游客可以亲身体验这些非遗项目的制作过程。又如，2007 年中国湖南张家界国际森林保护节以"绿色·生态·和谐"为主题，开展了一系列公益活动和文化活动，包括"国际森林对话"活动、"舞动森林"开幕式文艺演出、树木认种认养公益活动等，为各国游客献上丰盛的森林文化盛宴。再如，在每年的世界森林日，世界各个国家和地区都会举办各种形式的活动（如植树、森林主题趣味运动会、环保宣传活动等），以增强公众对森林保护和可持续发展的意识。其中，2024 年的世界森林日是以"森林与创新——创新型解决方案，创造更美好世界"为主题的。

常见的森林文化节庆活动如下：一是自然体验活动，即通过森林徒步、森林浴、森林野营、观鸟等活动，游客可以亲近大自然，感受森林的宁静和美丽。二是文化表演和展览，即通过当地特色音乐、舞蹈、戏剧等表演，以及手工艺品、摄影作品等展览，向游客展示当地的文化传统和艺术魅力。三是健康讲座和工作坊，即通过举办森林养生、自然疗法、瑜伽、冥想等讲座和实践工作坊，传授健康生活的知识和技能。四是美食节，即通过提供当地的森林美食、有机食品和特色菜肴，让游客品尝到大自然的馈赠。五是特色庆祝活动，即通过举办森林音乐节、森林灯光秀、森林诗歌朗诵会等特色庆祝活动，营造欢乐和浪漫的氛围。这些森林文化节庆活动通常会吸引大量游客，从而促进当地旅游业的发展，同时也有助于保护和传承当地的自然资源和文化资源。

四、社交媒体宣传

社交媒体宣传是指在社交媒体平台上进行的品牌或产品的推广活动，旨在提高品牌知名度、吸引潜在用户、增强品牌与用户之间的互动和联系。各大品牌可以在各种社交媒体平台上创建自己的账号，与用户互动，分享有趣的内容，回复用户评论等。

常见的社交媒体宣传活动方式如下：一是品牌通过精心制定的社交媒体策略，可以有效地传播信息，增加曝光率，吸引更多的潜在用户。二是品牌通过创作有价值的内容（如测评科普、"避坑雷区"、攻略指南等），可以吸引用户的注意。这不仅有助于品牌树立专业形象，还可以提高品牌在搜索引擎中的排名，从而吸引更多的潜在用户。三是品牌通过在线投票、问答活动、抽奖等方式，促使用户积极参与，以增强品牌亲和力。四是通过数据细分等方法来展现营销和运营的效果，并辅助运营过程以及优化运营策略。社交媒体宣传是数字化时代品牌营销的核心手段之一，它利用互联网上的社交媒体平台（如微博、微信、小红书、知乎、头条号、B站、抖音、快手等）进行品牌或产品的推广。这种宣传方式不仅能帮助品牌与用户建立更紧密的联系，还能通过互动和数据分析，更精准地定位目标用户，从而提高营销效果。

森林康旅社交媒体宣传是指利用社交媒体平台来推广森林康旅相关的产品、服务或活动的一种宣传方式。这种宣传方式可以吸引更多人关注森林康旅，并促使他们参与相关的体验活动。常见的森林康旅社交媒体宣传方式如下：一是创建专门的社交媒体平台账号。森林康旅景区通过在主流的社交媒体平台（如微博、微信公众号等）上创建专门的账号，展示景区的特色和魅力。二是分享吸引人的内容。森林康旅景区通过发布有关森林美景、康旅活动、自然风光、生态知识等吸引人的图片、视频和文字内容，引发平台用户的兴趣和好奇心。三是故事讲述和体验分享。森林康旅景区通过分享游客在森林康旅中的亲身经历和故事，让潜在游客能够感受到森林康旅的魅力和价值。四是强调健康益处。森林康旅景区通过宣传森林对身心健康的益处（如减轻压力、改善睡眠、增强免疫力等），吸引关注健康的人群。五是互动与用户参与。森林康旅景区通过鼓励平台用户评论、点赞、分享内容，以及积极回复平台用户的留言和问题等方式，与平台用户建立良好的互动关系。六是举办线上活动。森林康旅景区通过线上竞赛、问答、抽奖等活动，提高平台用户的参与度和关注度。七是合作与影响力营销。森林康旅景区通过与有影响力的社交媒体博主、旅游达人等合作（如邀请他们体验并分享森林康旅故事和感受），以扩大宣传范围。八是利用热门话题和标签。森林康旅景区通过结合当前热门话题和相关标签，增加内容的可见性和传播力。九是提供优惠和特别活动。森林康旅景区通过在社交媒体平台上发布优惠信息、特别活动等，吸引平台用户来体验森林康旅产品或服务。十是建立社区和粉丝群。森林康旅景区通过社交媒体平台建立森林康旅爱好者社区，促进平台用户之间的交流和互动。

有效的森林康旅社交媒体宣传，可以提升品牌知名度、吸引更多游客，并在社交媒体平台上形成积极的口碑传播效应。在实践中，森林康旅景区需要根据潜在游客的特点和社交媒体平台的规则，制订合适的宣传策略和内容计划，持续不断地提供有价值的信息，以吸引和留住潜在游客。

五、联盟与会员制度

联盟与会员制度是一种组织形式和管理模式，旨在通过整合资源、提供共享服务以及促进会员之间的合作，以实现共同的目标和利益。联盟通常是由多个组织或个人自愿组成的团体，旨在促进会员之间的合作与交流，从而实现资源共享、优势互补，以及共同应对外部挑战。联盟基于共同的愿景和目标而成立，通过制定共同的规则和标准，促进会员间的协作和沟通。会员制度则是联盟运作的核心机制之一，通过这种制度，联盟能够有效地管理和组织其会员，确保会员能够享受到联盟提供的服务和资源。会员制度通常包括一卡通用、会员共享、整合资源等功能，旨在为会员提供便利和优惠。联盟通过建立会员制度，并通过提供特惠蓄客、办卡特惠、每月特惠等方式来提升会员的购买率和忠诚度，从而吸引更多的成员加入。此外，联盟还通过融合异业合作、推出团购套餐等方式，帮助会员沉积用户并进行大数据营销，以促进会员的业务增长和品牌提升。具体来说，联盟通过云服务平台、"联盟卡"等工具，帮助会员有针对性地管理和运营他们自己的用户，并提供多元化服务，从而深化合作共生关系。这种模式不仅能提升会员的体验感和满意度，还能为会员带来更多的商业机会和价值。通过这样的机制，联盟能更好地服务其会员，同时也能为社会和经济的发展做出贡献。

森林康旅联盟与会员制度旨在通过会员管理，为会员提供一定的权益和服务，并促进森林康旅产业的发展。联盟与会员制度的主要特点如下：一是联盟合作。森林康旅联盟通常是由多个组织或个人组成的合作伙伴关系。他们共同致力于推动森林康旅产业发展，共享资源、经验和信息，以形成协同效应。二是会员资格。会员制度是针对组成联盟的这些组织或个人设立的一种管理模式。成为会员通常需要满足一定的条件，如填写申请表、支付会员费等。三是会员权益。会员可以享受一系列的权益，如优先预订服务、折扣优惠、特别活动参与权、会员专属福利等。四是资讯和资源共享。联盟与会员之间、会员与会员之间都会进行资讯和资源的共享，如获得有关森林康旅的最新消息、活动通知、研究成果等，以便更好地了解和参与相关领域的发展。五是促进交流与合作。联盟为其会员提供了一个平台，让会员之间能够进行交流和合作。这有助于他们相互分享经验、建立业务联系，以及共同开展项目等。六是推广与宣传。联盟可以通过统一的品牌形象和宣传活动，提高森林康旅的知名度和影响力；会员也可以借助联盟的平台进行自身的宣传和推广。七是参与活动和项目。会员有机会参与联盟组织的各种活动、培训课程、研讨会等，以提升自己在森林康旅领域的专业知识和技能。

森林康旅联盟与会员制度的特点可能会因其不同的组织形式和管理模式而有所差异。但其目的都是通过联合各方力量，为会员提供更多的机会和福利，并共同推动森林康旅产业的可持续发展。在实践中，组织或个人可以根据自身需求和兴趣，选择加入适合自己的联盟来参与森林康旅产业的发展。

六、口碑营销与故事

口碑营销与故事是两种紧密相关的营销策略，它们都利用人们的信任和沟通来推广产品或服务。口碑营销是一种通过游客的口口相传的方式来推广产品或服务的营销策略，它依赖于游客之间的信任和沟通，通过积极的口碑传播来提高品牌知名度、销售额和客户满意度。这种营销策略的核心在于激发人与人之间主动分享的动作，即通过提供优质的产品和服务，提高游客的满意度和忠诚度，从而促使他们自愿成为品牌的宣传者和代言人，以实现口碑营销的传播效果。故事则在口碑营销中扮演着重要的角色。一个有感染力的、传奇的故事不仅能使游客的记忆和印象更深刻，还能激发人们的情感反应，使他们更愿意分享这些故事，从而促进提高口碑。这种营销策略利用了人们对故事情节的兴趣和好奇心，使得口碑营销更加生动和有效。

综上所述，口碑营销与故事的结合是一种很有效的营销策略，它通过讲述有感染力的故事来激发人们的分享欲，进而提高品牌知名度、增加销售额，并建立品牌信任度。这种营销策略不仅成本较低，而且效果显著，是企业在竞争激烈的市场环境中提高市场竞争力的重要手段之一。例如，世界自然基金会（WWF）在英国黄金时段播出的广告，通过讲述一个年轻女孩在热带雨林中保护一只美洲豹的故事，来警告人们关于森林砍伐的危害。这个广告采用了定格动画的形式，旨在通过情感深刻的故事来增强人们对森林保护的意识。广告中的信息是"当你领养了一只动物，也就领养了不同的未来"，这强调了个人行为对保护森林和野生动物的重要性。

森林康旅口碑营销与故事是一种利用游客对故事和真实体验的喜爱，来吸引潜在游客并建立良好口碑的营销策略。这种营销策略的关键要点如下：一是讲述有吸引力的故事。口碑营销通过讲述游客在森林中的探险、与自然的亲密接触、身心放松的经历等故事，引发其他游客的兴趣和情感共鸣。二是强调独特卖点。口碑营销通过突出相关森林康旅景区的独特之处（如清新的空气、美丽的景色、丰富的生态资源、健康的活动等），让游客认识到其与众不同的价值。三是客户见证和案例分享。口碑营销通过收集游客的满意评价、照片和视频等，以真实的案例展示森林康旅的积极影响和美好体验。这些客户见证可以增强可信度和吸引力。四是社交媒体传播。口碑营销利用社交媒体平台来分享与森林康旅相关的故事、照片和视频等，以吸引更多人的关注和参与；同时，口碑营销也鼓励游客主动分享他们的体验，以扩大口碑传播的范围。五是树立品牌形象。口碑营销通过与相关森林康旅景区的主题和价值观相契合，为其树立独特的品牌形象，通过一致的品牌传播，让游客对森林康旅产生认同感和信任感。六是提供优质服务。良好的服务是口碑营销的基础，满意的游客更愿意主动分享自己的美好体验和有趣故事，因此森林康旅景区应确保游客在森林康旅过程中获得优质的服务和体验。七是与社区合作。森林康旅景区可以与当地社区建立合作关系，如通过举办本地特色活动、与当地居民合作开展项目等，增加地方认同感，从而共同推广当地森林康旅产业的发展。八是建立口碑营销机制。森林康旅景区通过鼓励和奖励游客自愿进行口碑宣传（如提供优惠、小礼品或特殊待遇等），以感谢他们的推荐和分享。

森林康旅口碑营销与故事，可以吸引更多人对森林康旅产生兴趣，并促使他们参与其中。这种基于真实体验和情感连接的营销策略往往具有较强的影响力和较高的转化率。同时，森林康旅景区需要注意，持续优质的服务和体验是口碑营销能够长期有效的关键。

七、本章小结

森林康旅产业的拓展路径对森林康旅产业的发展意义重大。它不仅能满足人们的健康需求，为人们提供更多亲近自然、运动锻炼、休闲放松的机会，还能吸引游客，促进消费，保障森林生态系统的稳定，进而推动森林康旅产业的可持续发展。森林康旅产业的拓展路径能够增强森林康旅景区的吸引力和竞争力，带动相关产业协同发展并形成完整产业链，创造更多的经济增长点。

本章阐释的森林康旅生态旅游推广、森林主题活动、森林文化节庆活动、社交媒体宣传、联盟与会员制度、口碑营销与故事六个方面，是森林康旅产业在市场竞争中提升良好形象的可选路径。这些产业拓展路径为森林康旅产业开拓潜在市场，争取客户资源，展现独有魅力，形成产业聚集，促进资源转化，提供了多维度的宣传窗口和推广方式。

下篇
森林康旅产业发展的实践

第七章 贵州开阳水东乡舍森林康旅产业发展的创新与实践

一、基本情况

水东乡舍森林康养基地（以下简称"水东乡舍"）位于贵州省贵阳市开阳县，是贵州水东乡舍旅游发展有限公司（以下简称"水东乡舍公司"）于 2017 年以"一栋房、一亩地、一种生活"的发展理念，结合水东文化、民族特色及自然景观，在开阳县十里画廊乡村旅游区（以下简称"十里画廊"）打造的森林康旅项目。项目运用"三改一留"（闲置房改经营房、自留地改体验地、老百姓改服务员、保青山留乡愁）的开发模式和"622"（经营收益分红比例：投资者占 60%，农户和平台公司各占 20%）的运营模式，在努力打造"住农家、游景点、逛田园、品农味、体农事、购农特"乡村旅游胜地的同时，解决农户就业 500 余人，为实现农业强、农村美、农民富的乡村振兴目标探索出一条新路径，并成为开阳县实施"三变"改革、旅游助力扶贫的示范项目。

水东乡舍涉及的主要村落是龙广村，另外，其民宿还分布在凤凰寨、长官司和王车村等村落。具体来说，龙广村是开阳县旅游品牌"十里画廊"的重要组成部分，拥有丰富的自然资源和文化底蕴；凤凰寨以其古朴的建筑和独特的风光吸引游客；长官司村和王车村则通过改造闲置房屋和土地，为游客提供多样化的住宿选择和乡村体验。

水东乡舍所在地区属于北亚热带季风湿润气候，平均气温 10.6 ℃ ~ 15.3 ℃，气候宜人，森林面积 8 318.5 亩，森林覆盖率高达 60% 以上，相对湿度 80%RH，负氧离子浓度平均值为 7 180 个/cm^3，堪称"天然氧吧"。

自 2017 年"水东乡舍"项目启动以来，其所在地区很多乡村闲置资源得到了有效利用，外出务工人口逐步返乡，村民收入也逐步提高。2023 年，水东乡舍被评为省级森林康养基地。

二、发展历程

（一）起步阶段：激活资源推动乡村脱贫（2001—2016 年）

2001 年，开阳县进行市镇修建、乡村合并、城区撤离的工作，将枇杷哨、新场、烂坝这三个村子合并为龙广村，整合了乡村资源，优化了乡村布局；同年 5 月，开阳县着手打造农旅一体的十里画廊，其依托独特的自然资源优势，大力发展生态农业旅游，同时也为水东乡舍的发展引入了资金、注入了活力，并为乡村脱贫带来了新机遇。2011 年，龙广村提前实现了"减贫摘帽"目标，全村人均年收入达 4 990 元；2012 年，贵州省开启"扶贫生态移民工程"，开阳县依据该工程的实施方案，对 146 户共 742 人进行了搬迁，切实地解决了这 146 户人家的吃、住、行等问题，完成了该工程实施方案中对基础设施建设的要求，有力地推动了开阳县农村生态环境的建设，从而实现了整体脱贫。2016 年，贵州水东乡舍旅游发展有限公司成立，项目选址位于开阳县南江大峡谷及十里画廊。该公司成立后，在龙广村采用"三改一留"开发模式，对龙广村乡村闲置资源进行改造，有效留住了乡村劳动力，实现了对资源的充分利用，为乡村脱贫注入了强大动力。

（二）发展阶段：创新模式助力乡村旅游（2017—2021 年）

2017 年 9 月，"水东乡舍"项目施行，以宅基地"三权分置"为切入点，依法流转农村闲置房屋使用权以吸引外来投资。水东乡舍公司承担闲置房屋改民宿任务并统一经营管理，以落实"三改一留"开发模式。2019年，"水东乡舍"项目启动"622"运营模式，即由公司搭建平台，农户以闲置房屋和土地使用权入股，平台引入投资改造经营，收入按投资方60%、平台 20%、农户 20% 的比例分红。公司与地方政府共同开发建设龙广村水东乡舍，改造经营乡村闲置资源，修建旅游配套基础设施，深挖布依乡村文化内涵，举办民族特色活动。同时，水东乡舍公司结合南江自然风光和峡谷环境，打造系列旅游项目。水东乡舍于 2019 年在贵州省全面深化改革优秀案例评选活动中获网络投票第一名；于 2020 年获"国家森林康养基地（第一批）""贵州省示范健康养老小镇""贵州省健康养生产业示范基地"等荣誉称号；于 2021 年入选全国智慧旅游典型案例；于 2022 年入选全国首批农耕文化营地。

（三）深化阶段：森林康旅推动乡村振兴（2022 年至今）

水东乡舍在获得一系列荣誉的基础上，继续聚焦其森林康旅特色，持续推广发展生态农业、森林康旅、中药材等产业深度融合发展的特色模式。具体来说，水东乡舍依据不同的主题风格、客房艺术及个性服务，将乡村闲置房屋改造成民宿，成功营造出"田园牧歌"般惬意的生活氛围。同时，水东乡舍凭借自身生态资源禀赋和富硒区位优势，全力打造乡村旅游胜地，成为开阳县森林康旅产业发展的示范项目。2022 年，开阳县时任县委书记王启云强调，需要全面推广水东乡舍"622"运营模式，通过盘活乡村闲置资源，以旅游业的高质量发展来推动乡村振兴。2023 年，水东乡舍荣获贵州省首批 10 家"省级森林康养基地"荣誉称号，龙广村获"贵阳贵安网格化服务管理先进村"荣誉称号。

纵观水东乡舍发展历程，其完成了从沉睡村向森林康旅示范区的逐步转变，并从零开始实现了以生态康旅产业为主带动农业发展的多元融合发展格局。这不仅盘活了乡村闲置资源，吸引游客纷至沓来；还促进了农产品销售，带动了村民增收致富，让乡村经济焕发出新的活力。

三、基本做法

（一）起步阶段："三改一留"开发模式驱动下的乡村闲置资源改造

水东乡舍所在地区拥有丰富的乡村资源，但受就业市场等因素限制，难以被有效开发。随着我国城镇化、工业化进程加快，部分村民外出务工，导致资源闲置，而"水东乡舍"项目为其带来了发展契机。这具体体现在以下两个方面：

一是在地方政府规划下进行闲置资源改造。地方政府深入了解森林康旅产业及水东乡舍公司发展情况后，启动"水东乡舍"项目，以旅游发展盘活乡村闲置资源。同时，地方政府经多方调研考察，决定通过农村闲置房屋和土地来吸引城市资金共建共享，以确保项目资金流转正常。

二是在村民参与下实现效益增收。例如，在"三改一留"开发模式的驱动下，部分村民的闲置房屋通过改造并用于民宿经营后，获得20%利润分红，这既为村民解决了闲置房屋的问题，又给他们带来了额外收益，从而充分调动了村民的积极性。水东乡舍的利益联结机制盘活了乡村闲置资源、增加了村民收入，吸引了投资者。另外，项目实施初期还招募村民为服务员，并对其进行相关培训，以解决乡村就业问题。

通过启动实施"三改一留"开发模式，水东乡舍所在地区的乡村闲置资源得到了初步整合利用，这为进一步挖掘释放乡村资源潜能奠定了良好基础。但该项目尚处于起步阶段，"水东乡舍"品牌暂无竞争优势，因此项目仍然面临增收困难、内部主体行动能力不足等问题。

（二）发展阶段："622"运营模式引领下的资源价值转化

前期"三改一留"开发模式的实施盘活了水东乡舍所在地区的乡村闲置资源，使其得到了初步整合利用。但其自然景观及附属农产品价值尚未显现，还需要地方政府、旅游企业、农户、投资者通过多元化合作，进一步优化整合乡村资源，从而推动龙广村旅游业发展。这具体体现在两个方面。

一是"622"运营模式实施下的项目打造和股东联动。水东乡舍公司通过景观建设、乡舍改造等多种方式，打造集观光、休闲、养生、游乐于一体的水东乡舍，公司依托当地地域优势和文化底蕴，提升"水东乡舍"品牌竞争力。同时，水东乡舍公司作为项目运营主体，积极发挥带头示范作用，通过培育新型经营主体，让原本分散的"小生产"逐步有序对接广阔的"大市场"，并不断吸引投资者成为股东，聚集零散资本，实现产业融合。

二是"622"运营模式推进下的生态保护和智能扶贫。为避免旅游发展可能对生态环境造成的破坏，一方面，地方政府划定生态保护红线，在青龙河沿线设置监测设备，并在沿河村寨建立生态型污水处理站；另一方面，村基层党组织以村规民约为基础，发挥党员带头作用，禁止乱丢垃圾、砍伐树木等违法行为。同时，地方政府还与湖北大学签署协议，为水东乡舍公司旅游信息化建设提供服务，通过研发"三方"App来避免分红隐患，从而助力特色民宿扶贫产业发展。

此阶段通过启动实施"622"运营模式，水东乡舍所在地区的乡村资源潜能得到了进一步挖掘释放。同时，水东乡舍公司优化组合生态、人文等要素，并结合自然风光和民族文化打造特色旅游项目，与地方政府、村民、投资者构建紧密利益共同体，为生态资源价值转化积累了要素基础。

（三）深化阶段："水东乡舍"模式推广下的森林康旅建设

水东乡舍项目充分利用乡村闲置资源，成功打造出集休闲旅游养生为一体的森林康旅基地，为助力乡村振兴做出了贡献。"水东乡舍"模式值得推广，通过这种创新旅游经营模式，既能盘活乡村闲置资源，又能有效推动乡村旅游与康旅的融合发展。这具体体现在两个方面。

一方面，各方共同努力，打造特色旅游项目，提升品牌影响力。为打造特色旅游项目，地方政府加大对民族特色美食和乡舍民宿的支持力度，以"水东乡舍"项目盘活乡村闲置资源为关键着力点，打造民族特色村寨旅游精品；而水东乡舍公司则依托乡域景区，建设民族乡村庄园和民宿客栈，推出民俗文化展演、美食美酒交流会等旅游产品。为提升品牌影响力，地方政府积极打响水东文化和民族文化铸就的区域文化品牌，采用旅游品牌营销战略，深入挖掘民族文化，并将其转化为实物商品和宣传影片；同时，协助水东乡舍打造民宿品牌，参与各类评选活动，深挖本地特色文化，推动"水东乡舍"品牌的打造和提升。

另一方面，各方协同发力，加快项目进度，共建美丽乡村，补齐短板。为加快"水东乡舍"项目实施进度，地方政府出台并实施支持"水东乡舍"品牌发展的相关政策，以及进一步推动"622"运营模式的实施，从行政审批、基础设施建设、公共服务、就业创业等方面给予支持。具体来说，地方政府在行政审批方面放宽限制，颁发经营使用权证；在基础设施建设方面，整合资金推进七大工程；在公共服务方面，设立农村电商服务站；在就业创业方面，搭建创业就业平台，并推出"乡舍贷"。同时，为共建美丽乡村，地方政府推出"三治"实施方案：在治水方面，全力打好碧水保卫战，推进"三水共治"，明确标准，强化源头管控，加快工程建设；在"治厕"方面，科学规划，以党建为引领推进"厕所革命"，采取自建与代建相结合的模式，并实行监管机制；在"治风"方面，积极倡导文明新风，依托有效运行机制，将"刚性约束"转化为群众自觉遵循的

"软性任务"，营造良好的乡村风气。

此阶段通过推广"水东乡舍"模式，延伸特色产业链，为乡村发展注入新动力。地方政府协同各方力量积极推广建立起多方利益合作关系，最大限度发挥"水东乡舍"模式示范效应。政府发挥引导作用，企业做好示范经营，共同推动森林康旅产业朝着示范化、共享化和联动化方向发展，致力于将水东乡舍打造成贵州乡村旅游示范样板，从而推动乡村旅游实现品牌化、规模化、标准化的快速发展。

四、经验启示

森林康旅产业的发展是逐步推进的，不仅依托康旅项目所在地区的地理环境、气候条件、生态资源等原有基础，还涉及地方政府、旅游企业、农户的互动机制和协调机制。本章通过对贵州开阳水东乡舍森林康旅产业发展进行探索式案例分析，总结出五点经验启示。

（一）资源有效整合

水东乡舍充分整合本地自然资源优势，如宜人的气候、广袤的森林、特有的地形地貌、优质的水资源等，将自身定位为森林康养旅居避暑目的地；同时，结合生态农业特色资源，梳理当地特色农产品（如富硒产品）的营养元素，并将其融入康养饮食中，以提升附加值，从而带动农产品经济发展。此外，水东乡舍还注重挖掘文化资源，为森林康旅产业注入当地特色文化内涵；借鉴乡村合并与资源整合的经验，进一步优化水东乡舍森林康旅产业发展的空间布局，提高资源利用效率；利用宅基地"三权分置"等政策引导，盘活乡村闲置房屋和土地，将其转化为促进森林康旅产业发展所需的相关资产。

（二）模式发展创新

水东乡舍森林康旅产业的发展，需要建立地方政府、企业、农户、投资者多方协同工作的合作模式与利益联结机制，各司其职，共同推进。政府发挥政策制定等作用，企业负责策划、建设与管理，农户以资产入股或参与服务，投资者提供资金，采用"622"等符合地方发展实际的创新模式来保障各方利益，促进产业可持续发展。以此推动开发森林浴、森林养生食疗等森林康旅产品，提升市场吸引力，并利用互联网技术提高运营效率和市场影响力。

（三）产业跨界融合

水东乡舍通过发展森林康旅产业，促进了乡村一二三产业的有效融合，为村民提供了多种增收渠道，包括房屋改造经营分红、旅游服务工资及农产品销售收入，有效促进了村民增收。同时，水东乡舍基于高品质旅游服务的需求，通过加强对村民的专业化培训，实现村民职业转型和旅游服务质量的提升；还通过森林康旅产业来促进森林康养与农业、文化、体育等相关产业的深度融合，以发展生态农业观光、文化演艺、户外运动等项目，延长产业链条，增加产业附加值，进而吸引相关企业入驻，形成产业集群效应，带动区域经济发展。

（四）政策方向引导

地方政府通过制定支持森林康旅产业发展的相关政策，支持编制科学的森林康旅产业发展规划，并结合地方实际，与其他产业发展规划进行有效衔接，确保对农业、旅游业等产业发展方向的正确引导，以促进不同产业的协调发展。同时，地方政府还通过政策来引导森林康旅产业发展前期所需的基础设施建设，以改善交通、水电、通信等条件，从而提升现代旅游体验的公共服务水平。此外，地方政府还主导打造森林康旅品牌，通过引导举办活动来提高当地森林康旅品牌知名度，从而拓展市场渠道。

（五）严格生态保护

森林康旅产业离不开森林资源，因此必须严格保护森林生态。地方政府通过确立生态保护优先原则，划定生态保护红线，保护森林资源；同时，还通过建立生态监测体系，加强游客生态教育等措施，推动水东乡舍森林康旅产业的可持续发展。此外，地方政府在"水东乡舍"项目规划建设中通过采用环保材料和节能技术，推动森林生态修复和环境治理工程，并鼓励发展森林循环经济创新模式，以实现资源循环利用，从而为森林康旅产业的高质量发展夯实基础。

第八章 云南红河龙韵养生谷森林康旅产业发展的创新与实践

一、基本情况

龙韵养生谷森林康养基地（以下简称"龙韵养生谷"）坐落于云南省红河州石屏县龙朋镇龙朋林场竹园林区，其所在的龙朋镇向北与通海县高大乡接壤，东邻建水县的曲江镇和甸尾乡，西接石屏哨冲镇，向南则可到达新城乡和石屏县城，距石屏和通海县城分别为45千米和55千米。龙韵养生谷是红河龙韵休闲旅游开发有限公司（以下简称"龙韵公司"）遵循"望得见山、看得见水、记得住乡愁"的建设理念，依托龙朋地区优美的乡村自然生态环境和独特的水文气候条件，打造的集传统与现代、人文与自然、休闲与体验等各种元素为一体的"可览、可游、可居"乡村生态旅游大型综合开发项目。龙韵养生谷规划面积21.7平方千米，平均海拔1 750米，年平均气温18 ℃，年平均日照2 122.4小时，年平均降雨量955毫米，无霜期达300天，冬无严寒，夏无酷暑，雨热同季，干湿分明，森林覆盖率达76.57%，空气负离子含量在35 000个/cm³以上，因此被称为"天然氧吧"。同时，龙韵养生谷的水源是来自万亩竹林地下600多米深的泉水，pH值为7.5~8.5，呈弱碱性，且富含钠、硒等微量元素，适合长期饮用，有助于改善人体微循环，促进新陈代谢，活化细胞，增强免疫力。

在"绿水青山就是金山银山"的理念指引下，龙韵养生谷成功开发出林菌、林药、森林休闲旅游三种经济模式，同时将乡村振兴战略要求与全域旅游发展有机融合，一方面以"公司+合作社+农户"的模式发展林下经济，带动周边农户种植、养殖业向生态产业化发展；另一方面引导周边群众发展乡村观光、民宿客栈、农家乐、民族歌舞表演、特色美食等旅游配套服务，以拓宽就业创业渠道，促进群众增收致富。由此，龙韵养生谷既盘活了林地资源，又留住了绿水青山，既实现了生态旅游可持续发展和生态环境优化保护，又带动了当地发展，成功地将"绿水青山"转变为"金山银山"，即实现了经济效益和生态效益的双赢。

二、发展历程

（一）起步阶段：起步有目标，开启康养新画卷（2000—2015 年）

2000 年，龙韵养生谷所在区域仍处于相对原始的状态，其独特的自然环境资源，如优质的气候条件、高森林覆盖率、丰富的植被等开始受到人们关注，但尚未进行大规模开发。一些零星的游客或户外爱好者因这里的自然景观而前来探索，但整体上还未形成有组织的旅游或康养项目开发。之后，通过进行初步调研和考察活动，地方政府开始意识到该区域在旅游和康养方面的潜力，开始思考如何对其进行规划和利用。2015 年 8 月 28 日，红河龙韵休闲旅游开发有限公司（以下简称"龙韵公司"）成立，成为开发龙韵养生谷的核心力量。龙韵公司成立后立即着手规划和筹备，积极探寻适合开发的土地资源，深入调研当地自然环境与市场需求。开发团队经过多方考察发现，云南省红河州石屏县龙朋镇竹园林区的一片区域，海拔 1 950 米，年平均气温 18 ℃，气候宜人，森林覆盖率达 75%，拥有优美的竹林、松林景观，为打造特色养生谷提供了得天独厚的自然条件。选址后，龙韵公司邀请专业规划设计团队，结合当地自然环境与人文特色，对龙韵养生谷进行全面规划设计。规划保留了原生态林区和竹林的原始韵味，同时融入现代养生、休闲、娱乐等元素，设计了林间木屋别墅、观光栈道、野外露营、温泉泡池等项目。

（二）发展阶段：旅游正当时，描绘发展新篇章（2016—2019 年）

2016 年年初，龙韵养生谷大力推进基础设施建设，其通过全面建设水、电、路、网络等基础保障设施，为游客的到来和后续的舒适体验奠定了良好基础。同时，龙韵养生谷积极开展餐饮接待大厅、歌舞表演区等配套工程的建设，力求为游客提供全方位的优质服务。经过不懈努力，同年

8 月，令人期待的龙韵养生谷一期项目顺利建成并投入运营。它为游客带来了丰富多彩的休闲娱乐体验，无论是漫步在风景如画的自然景观中，还是参与各种趣味十足的娱乐活动，都让游客流连忘返。这成功吸引了大批游客前来观光旅游。周边的村庄也随之搭上了发展的快车，村民们敏锐地抓住机遇，纷纷通过开办充满乡村特色的农家乐，为游客提供地道的农家美食和温馨的住宿环境，并积极销售自家种植的新鲜农产品，让游客品尝到原汁原味的乡村美味。这一年，龙韵养生谷凭借自身的卓越表现，荣获了 2016 年度中国旅游总评榜云南分榜最佳人气景区奖。这个奖项进一步提升了龙韵养生谷及周边村庄的知名度和影响力，让更多人了解到这个美丽的地方，从而吸引了来自四面八方的游客，并带动了周边乡村经济的发展，进而为乡村振兴注入了强大动力。2017 年，龙韵养生谷并未满足于已有的成就，而是以更加昂扬的斗志进一步拓展项目。它以创新的发展模式为引领，致力于吸引更多的游客。龙韵公司深入挖掘当地独具魅力的特色文化，将民族文化元素巧妙地融入旅游项目中。例如，龙韵养生谷通过举办各类独具民族特色的活动（如传统节日庆典），让游客亲身感受民族文化的独特魅力；通过展示传统手工艺的制作过程，让游客领略古老精湛的手工技艺。这些活动较好地丰富了游客的体验，让游客在欣赏美景的同时，能更深入地了解当地的文化底蕴，从而留下难忘的记忆。2018 年，龙韵养生谷迎来了新的辉煌——获批国家森林小镇建设试点单位，这是对其森林资源保护和生态旅游发展方面的高度认可。龙韵养生谷深知自身的责任重大，更加努力地在保护森林资源的同时，发展生态旅游。每年 8 月龙韵养生谷都会举办热闹非凡的干巴菌旅游文化节。这个文化节的内容丰富多彩，融入了民族歌舞表演，让游客在欢快的节奏中感受民族艺术的魅力；"菌王"拍卖活动则充满趣味和竞争，吸引着众多游客参与；篝火晚会则营造出温馨而热烈的氛围，让游客们尽情释放自己的热情。这些活动不仅在一定程度上提升了龙韵养生谷的知名度和影响力，而且成功打造了一个集森林康养、休闲度假、温泉药膳、商贸会议于一体的综合性生态旅游品牌。这个品牌吸引了更多的游客前来体验，他们可以在这里尽情享受森林的宁静与清新，放松身心，进行康养之旅；也可以在休闲度假中忘却生活的烦恼，沉浸在大自然的怀抱中；还可以品尝美味的温泉药膳，滋养身体；而商贸会议的举办则为商务人士提供了一个独特的交流平台。龙韵养生谷的这些康旅活动有力地推动了当地森林康旅产业的蓬勃发展，为当地经济的繁荣做出了较大贡献。2019年，龙韵养生谷入选首批国家森林小镇试点。

（三）深化阶段：产业要兴旺，助力乡村振兴新潮流（2020年至今）

2020年，龙韵养生谷被国家林业和草原局、民政部、国家卫生健康委员会、国家中医药管理局四部门列入国家森林康养基地（第一批）名单中，成为红河州森林康养产业示范基地。这一殊荣不仅为其带来了较高的知名度和美誉度，更为当地森林康旅产业的发展奠定了坚实基础。2022年，龙韵养生谷积极响应游客日益增长的多样化需求，全面修缮和完备了各类设施，以确保游客能够享受到便捷、舒适的游览环境以及拥有更多的游玩选择。例如，龙韵养生谷对森林养生木屋、四合院民俗客栈等进行了全面的升级维护，为游客提供了更加温馨、舒适的住宿体验，让游客在享受森林康旅的同时，也能感受到家的温暖。同时，龙韵养生谷通过引入先进的温泉处理技术和贴心的服务设计，让游客在浸泡温泉时能够全身心地放松，感受到身心的愉悦与滋养。此外，龙韵养生谷还增加了草场滑道等丰富多样的休闲娱乐设施，增添了旅游的趣味性和互动性。

2023年，龙韵养生谷着力加大推广力度，积极拓展宣传渠道，通过与各大媒体合作举办各类旅游推介活动等，不断提高自身知名度和美誉度。同时，龙韵养生谷还积极与周边景区联动，共同打造区域旅游品牌，实现资源共享、优势互补，形成了强大的旅游合力，有力地推动了当地旅游业的蓬勃发展。在这个过程中，龙韵养生谷不仅促进了当地经济的繁荣，还在民族团结与乡村振兴方面发挥了积极而重要的作用，成为石屏县农文旅融合发展的示范项目，为乡村地区带来了新的活力和机遇。

2024年，龙韵养生谷紧跟时代步伐，敏锐捕捉到旅游市场的新动态和游客消费的新需求，推出了一系列颇具吸引力的优惠活动。例如，暑期单人票仅9.9元，单人票加单人温泉票39.9元的超值优惠等，在旅游市场中引起了强烈反响，吸引了众多游客前来体验森林康旅项目。同时，龙韵养生谷充分利用抖音等热门社交媒体平台进行全方位的宣传推广，通过制作精美的短视频，生动展示其天然森林氧吧的清新宜人、温泉泡池的舒适惬意、特色住宿的独特魅力等优势资源，让更多人在屏幕前就能领略到龙韵养生谷的迷人风采，从而激发他们前来旅游的欲望。这些举措不仅为龙韵养生谷带来了源源不断的游客流量，也进一步提升了其品牌影响力，使其在森林康旅产业的竞争中脱颖而出，成为引领当地乡村振兴的一面旗帜。龙韵养生谷以森林康旅为核心，不断创新发展，持续完善自身，为当地森林康旅产业的发展注入了强大动力，并为当地乡村振兴做出了重要贡献。

纵观龙韵养生谷发展历程，其牢固树立"绿水青山就是金山银山"的理念，按照"保护优先、绿色发展"的工作思路，抓实生态文明建设，着力推进绿色发展、循环发展、低碳发展。与此同时，龙韵养生谷还将乡村振兴战略要求与全域旅游发展有机融合，以森林康旅产业激发乡村经济发展潜力，带动周边农户种植、养殖向生态产业化发展，引导周边群众发展乡村观光、民宿客栈、农家乐、民族歌舞表演、特色美食等旅游配套服务，以拓宽就业创业渠道，促进群众增收致富。由此，龙韵养生谷既实现了生态旅游可持续发展和生态环境优化保护，又实现了经济效益和生态效益的双赢。龙韵养生谷开业多年以来，在推动当地森林康旅产业发展的道路上发挥着关键作用，不断为当地乡村振兴"赋能加速"。

三、基本做法

（一）践行"两山"理念，绿色发展助力乡村振兴

龙韵养生谷按照"保护优先、绿色发展"的工作思路，抓实生态文明建设，着力推进绿色发展。乡村振兴战略的实施也为龙韵养生谷带来了新契机。龙韵养生谷将乡村振兴政策与自身得天独厚的自然生态条件相结合，大力推进基础设施建设、产业发展和农民增收，通过森林康旅促进和带动林下种植，盘活林地资源，并切实按照规划要求，科学、适度、有序开发，不仅留住了"绿水青山"，还成功带动了群众增收致富，实现了经济效益与生态效益的双赢，生动诠释了"绿水青山就是金山银山"的理念。

（二）挖掘特色文化，森林康旅引领乡村发展

龙韵养生谷拥有良好的自然环境、丰富的康旅资源和完善的康旅设施，正好能满足人们对健康养生和休闲度假的需求，市场潜力较大。龙韵养生谷海拔适中、气候宜人、森林覆盖率高，拥有丰富的植被、优质的空气和水资源等，这些自然资源为其开展森林康旅项目提供了得天独厚的条

件。在发展森林康旅的同时，龙韵养生谷还将当地文化资源与森林康旅相结合，通过挖掘当地丰富的民族文化资源（如彝族、哈尼族等少数民族文化），打造文化演艺节目和特色文创产品，并开发具有地方特色的文化康旅产品（如民族文化体验、民俗风情表演等），以增加森林康旅产品的文化内涵和吸引力，从而丰富游客的精神享受，提升龙韵养生谷的文化内涵。同时，龙韵养生谷还与周边产业加强联动，通过与当地其他企业合作开发特色旅游产品，共同打造旅游线路，从而实现资源共享、优势互补。

（三）多产业相融合，品牌服务协同发展

龙韵养生谷利用自身丰富的森林资源，积极推动多产业融合发展，从完善基础设施、提升服务品质、开发特色项目等方面入手，全力打造具有影响力的森林康旅品牌，从而吸引更多的游客前来体验森林康旅。在康养产业与旅游产业融合方面，龙韵养生谷依托自身自然生态资源，开发森林康养步道、温泉疗养区、中医特色服务项目等多样化的森林康旅产品；同时，通过举办森林康旅主题活动、邀请专家进行讲座培训等方式，提升游客对康养知识的认知。此外，龙韵养生谷还通过与专业康养机构合作进行科学评估，明确康养项目对人体健康的具体益处，如通过检测温泉泉水成分，确定其缓解疲劳、促进血液循环等功效，从而为开发康养项目提供科学依据，进而提高品牌知名度。在农业与旅游产业的融合方面，龙韵养生谷大力发展生态农业，种植有机蔬果和中药材，设置农产品展示区，开展采摘活动等，以增加游客认同感和购买欲；同时通过将农业景观与旅游相融合，打造田园风光观赏区，开发农家乐项目，提供特色农家菜。

多产业融合发展模式，以服务促发展，能更加凸显森林康旅的优势。这种模式需要为森林康旅项目制定详细的品牌发展规划，包括明确发展目标、市场定位、产品策略及营销策略等；需要建立服务质量和设施监督机制，如设置休闲座椅、遮阳伞和垃圾桶等设施，并定期检查和维修，以确保各种设施能安全正常使用；需要制订员工培训计划，如定期组织员工参加服务礼仪、旅游知识、康养知识和安全知识等培训，以提高员工的专业素质和服务水平；需要加强对员工服务质量的监督和考核，如定期收集游客反馈意见，对服务质量进行评估和改进，并表彰奖励表现优秀的员工，从而激励提高服务质量，树立良好品牌形象，进而提高森林康旅基地的品牌知名度和美誉度，以此吸引更多游客前来旅游度假。

（四）借助科技力量，创新全新服务模式

龙韵养生谷将森林康旅与现代科技相结合，利用移动互联网技术，打造智能导览系统。游客通过手机可以随时随地了解龙韵养生谷的景点分布、特色项目和游玩攻略，便于其在进入景区前提前规划游览路线，从而提升游览的便利性和自主性。同时，龙韵养生谷还可以利用移动互联网技术向游客推送景区内的实时信息（如活动通知、温泉开放时间、餐饮推荐等），让游客及时掌握景区动态，更好地安排行程，并开发线上预订和支付平台，方便游客快速预订住宿、餐饮等各类康旅服务。龙韵养生谷借助科技力量，创新服务模式，为游客提供了更加便捷、丰富、个性化的旅游体验，也为自身的可持续发展奠定了坚实基础。

四、经验启示

云南红河龙韵养生谷作为当地森林康旅产业的代表项目，凭借自身丰富的自然资源，通过整合政府、企业和村组资源，并结合当地文化民俗特色，走出了一条集康体养老、休闲度假、科研、种植、养殖、初级加工为一体的生态旅游综合体发展之路。本章通过对其进行探索式案例分析，总结出四点经验启示。

（一）科学规划、绿色发展，促进森林康旅和乡村振兴融合发展

龙韵养生谷的成功得益于科学规划与合理布局。项目在筹备阶段就制定了详细的发展规划和建设方案，注重保护原生态林区和竹林原始自然韵味，有计划有步骤地发展林下经济和康旅项目，同时始终坚持"在保护中开发，在开发中保护"的原则不动摇，把发展生态旅游和保护生态环境密切结合起来，发挥自然生态资源优势，利用政府引导扶持、科技示范带动、抱团规模发展、延长产业链条等主要措施，积极发展特色林果经济、林下经济、庭院经济、乡村旅游等绿色富民新产业，让森林康旅产业发展激发周围村落经济发展潜力，鼓励引导广大农户积极参与绿美建设，把过去的贫瘠荒山彻底变成"金山银山"，实现了生态效益与经济效益的"双赢"，诠释了"绿水青山就是金山银山"的理念。

（二）注重特色文化赋能，打造森林康旅特色项目

龙韵养生谷注重特色文化赋能，通过深入挖掘当地的民俗文化，打造出了一系列具有特色文化的森林康旅项目，为游客提供了丰富多样的森林康旅体验，也为推动当地的旅游发展和文化传承做出了积极贡献。例如，民俗文化节，以及传统的手工艺品制作过程和教学，能让游客亲自参与其中，并感受传统文化的魅力，从而为龙韵养生谷特色文化赋能。另外，龙韵养生谷结合当地的美食文化，利用周边的天然食材（如野生菌、有机蔬菜等），制作出具有地方特色的美食佳肴，并开设美食体验课程，让游客学习制作当地美食，为其旅游增添趣味性。例如，花卉水果采摘体验活动，能让游客在采摘娇艳欲滴的花卉及新鲜多汁的水果的同时，得到心灵的深度放松，忘却生活的烦恼与压力，感受生活中的甜蜜与美好。野生菌采摘体验活动，能让游客远离城市的喧嚣，置身于宁静的山林之中，呼吸着清新的空气，体验到采摘乐趣。推广绿色旅游理念和行为规范引导游客文明旅游、低碳出行，可有效保护当地的生态环境和自然资源，为森林康旅产业的可持续发展奠定基础。

（三）多产业融合发展，促进森林康旅品牌发展

龙韵养生谷地处自然环境优美之地，四周青山环绕、绿水潺潺、空气清新，拥有丰富的自然资源，为森林康旅产业发展提供了得天独厚的条件。其在发展过程中，通过积极推动多产业融合发展来促进森林康旅产业的发展。在康养产业与旅游产业的融合方面，龙韵养生谷充分利用自身自然生态优势，开发各种森林康旅项目。例如，森林康养步道能让游客在漫步森林的过程中，呼吸新鲜空气，感受大自然的宁静与美好，达到放松身心、缓解压力的效果。温泉疗养中心通过引入天然温泉水，能为游客提供温泉浴、水疗等服务，促进其身体健康。在农业与森林康旅产业的融合方面，龙韵养生谷将农产品加工制成特色养生食品（如有机果汁、养生茶等），供游客品尝和购买，这不仅丰富了森林康旅的产品种类，还加深了游客对康养的认识和理解，增强了游客的参与感和体验感。在文化产业与森林康旅产业的融合方面，龙韵养生谷通过开发具有文化特色的旅游纪念品（如手工艺品、文化书籍等），提升了森林康旅产业的文化内涵。多产业融合发展，从完善基础设施建设、提升服务品质、开发特色项目等方面

入手，全力打造森林康旅品牌知名度和美誉度，从而吸引了更多的游客前来体验森林康旅。

（四）借助科技力量，拓展森林康旅服务模式

龙韵养生谷秉持高起点、高标准规划、高质量建设理念，借助科技力量，持续拓展森林康旅服务新路径。例如，其借助移动互联网技术构建智能化服务平台，开发手机应用程序，让游客在启程前便能全面知晓景区的详尽信息，包括景点介绍、特色项目以及住宿餐饮等内容。游览期间，游客可运用手机应用程序实现智能导览，获取实时位置信息与景点讲解，轻松高效地规划行程。与此同时，游客还能通过应用程序在线预订各类服务（如住宿、餐饮、康养项目等），以免除排队等待的困扰，从而大幅提升旅游的便利性与效率。龙韵养生谷结合新的科技手段，不断创新森林康旅服务模式，为游客带来了更便捷、智能、个性化的旅游体验，为自身的可持续发展注入了强大动力。

第九章　重庆永川茶山竹海森林康旅产业发展的创新与实践

一、基本情况

茶山竹海森林康养基地（以下简称"茶山竹海"）地处重庆市永川区箕山山脉，交通较为便利，周边交通网络也较为完善，重庆市内多个汽车站均有到永川的班车。茶山竹海属亚热带湿润气候区，四季分明、气候温和，冬暖春早且夏季凉爽，堪称避暑佳地，其拥有3万亩大型连片茶园和5万亩浩瀚竹海的茶竹共生景观，独特的锯齿形单式背斜低山地貌以及相对高差较大的地形为游客提供了丰富的游览体验，如登山、远眺等活动。茶山竹海生态资源非常丰富，拥有多种珍稀的野生动植物，森林覆盖率高，空气清新；人文资源也较为深厚，拥有二十余处遗址遗迹，如朱德品茶楼等。同时，茶山竹海旅游设施也较为完善，有中华茶艺山庄、翠竹山庄、金盆湖度假酒店等酒店以及众多农家乐，能够满足游客的住宿需求，并能为游客提供特色餐饮，如茶宴、竹笋宴等。这里的旅游活动丰富多样，游客不仅可以参与采茶、制茶等体验活动，感受茶文化魅力；还可以开展竹林漫步、丛林探险等亲近自然的活动。同时，茶山竹海还有茶文化节、竹文化节等节庆活动。这些旅游活动提高了游客的参与度。此外，茶山竹海还依托其良好的自然环境打造了森林康养研究中心、康养公寓、森林康养理疗中心、负氧离子体验馆、有机生态药膳养生园等康养项目，有效地促进了康体养生的发展。早期，茶山竹海以自然风光吸引游客，之后不断挖掘人文资源与生态资源，并加强旅游服务设施建设，获得了国家森林康养基地（第一批）称号等荣誉。未来，其将朝着融合发展、智慧化发展、品牌化建设以及更加注重生态保护的方向迈进，进一步加强茶产业、竹产业与旅游产业、康养产业的深度融合，借助现代信息技术提升管理和服务水平，打造具有影响力的森林康旅品牌，并实现产业的可持续发展。

二、发展历程

（一）起步阶段："茶""竹"发展推动康旅产业萌发（1997—2008 年）

1997 年之前的茶山竹海虽拥有天然的茶竹共生景观，但由于种种原因，一直处于相对原始的状态，缺乏系统的开发利用，没有完善的旅游设施，罕有游客问津。同时，其茶产业与竹产业虽具有一定规模，但仅局限于传统生产模式，未能与旅游等产业深度融合。1997 年，永川市（今永川区）成立旅游开发领导小组，在全力发展茶产业之际，依托茶山竹海独特的旅游资源，着力打造茶山竹海旅游品牌。至此，茶文化、竹文化与旅游产业得以相互推动，初步构建起以茶园风情、茶俗茶艺博览、品茶食茶以及竹海寻幽、赏购精美竹艺、品味竹宴美食为主要内容的，具有浓郁茶文化与竹文化特色的旅游产品体系。20 世纪 90 年代末，茶山竹海开始接待游客，其旅游产业在促进地区经济发展方面发挥越来越大的作用。2003 年，茶山竹海被评为国家森林公园和国家 3A 级旅游景区，这不仅标志着其在旅游资源和景区建设方面得到了官方认可，为后续的发展奠定了基础，还标志着茶山竹海森林康旅产业发展的开端。

（二）发展阶段：因地制宜合理开发康旅产业（2009—2019 年）

2009 年，茶山竹海成立了茶山竹海办事处，恢复了茶山竹海管委会，还单独成立了茶山竹海旅游公司，并实行管委会、街道、旅游公司"三位一体"的管理模式，这为其进一步发展提供了保障。2012 年，茶山竹海成功通过全国旅游景区质量等级评定委员会验收。2013 年 1 月 29 日，茶山竹海被评定为国家 4A 级旅游景区，其景区等级和知名度进一步提升。2015 年 8 月，茶山竹海被评选为自然景观类"2015 新重庆·巴渝十二景"，其独特的景观价值得到了广泛认可。2016 年 9 月，茶山竹海获"重庆市文明旅游风景区"荣誉称号。2019 年，茶山竹海接待客 53 万人次，实现旅游收入 1 435 万元。

（三）深化阶段：特色品牌赋能森林康旅产业推广（2020 年至今）

2020 年，茶山竹海成功入选国家森林康养基地（第一批）名单，较大提升了其在森林康旅领域的知名度和影响力。2021 年，渝西旅游集散中心的建设持续推进，为游客前往茶山竹海提供了更便捷的交通条件，并有力推动了森林康旅产业发展。2022 年，永川区举办茶山竹海首届插秧文化体育节等一系列与森林康旅相关的文旅活动，将农耕文化与体育、旅游相结合，丰富游客的森林康旅体验。2023 年，重庆城市职业学院与茶山竹海街道共建乡村振兴学院，围绕多个方面开展合作，为当地乡村振兴和森林康旅产业发展注入新活力，同时茶山竹海不断升级旅游设施，如引入新观光车提升游客游览体验。2024 年，茶山竹海举办"国际森林日"活动，加强品牌建设与宣传推广，吸引更多游客关注茶山竹海的森林康旅资源，并且持续深化产业融合，推进林业与中医、健康、教育、文化、运动、养老等产业深度融合，开发出更多森林康旅特色产品和服务。

纵观茶山竹海发展历程，其凭借独特的茶竹文化和丰富的森林康旅活动，成功实现了从原始茶竹景观向知名森林康旅产业核心地的转变，同时也完成了由单一的自然景观向多产业融合发展的过渡。发展至今，茶山竹海切实有效地带动周边群众通过旅游服务、房屋租赁、特色农副产品销售等方式，实现了稳定就业、增收致富。未来，茶山竹海将继续发挥自身优势，不断深化产业融合，拓展当地森林康旅产业的广度和深度，进一步加强与周边地区的合作与联动，打造更具影响力的森林康旅品牌。

三、基本做法

（一）科学规划，明确发展目标

在生态旅游发展趋势的外部大环境驱动下，茶山竹海紧跟森林康旅产业发展趋势，科学规划确定"生态优先、产业融合、品质提升、智慧发展"建设目标。其积极响应国家生态文明建设号召，加大生态保护力度，严格实施森林资源保护，划定生态保护区，并参与山水林田湖草沙生态保护修复工程，治理周边水系，提升生态环境质量。同时，茶山竹海还积极发挥自身优势，深度融合茶文化、竹文化、旅游、康养产业，完成产业转型和升级。例如，其结合历史遗迹（如朱德品茶楼）打造文化旅游线路、举办展览讲座，以提升文化吸引力。此外，茶山竹海还围绕游客需求，不断完善景区基础设施建设（如加强景区道路建设），改善住宿餐饮条件（如引入高端酒店与特色民宿，推出特色美食等），提升服务质量（如开展员工培训，提供贴心服务等），积极运用现代信息技术（如安装智能监控系统，提供电子导游服务，搭建智慧管理平台等），以提高游客体验感与舒适度。

茶山竹海科学规划、明确目标，响应政策、结合时事，发挥自身资源优势，在森林康旅产业发展道路上稳步前行，为游客打造了生态优美、品质卓越、智慧便捷的森林康旅胜地。

（二）挖掘优势，打造特色品牌

近年来，国家大力支持生态旅游和康养旅游，茶山竹海积极响应国家政策，在加大生态保护力度的同时，增加旅游基础设施建设投入，并结合乡村振兴战略，推动周边乡村发展，致力于打造生态宜居的乡村旅游环境。重庆市深度挖掘茶山竹海独特的自然优势，着力打造特色森林康旅品牌。一方面，开发竹林漫步、丛林探险等项目，让游客在竹海中尽情探索；开展采茶、制茶体验等活动，让游客亲身感受茶叶制作的过程，领略茶文化的魅力。另一方面，利用当地独特的气候和地貌，打造森林康养基地，提供多样化的康养服务，如设立森林康养研究中心、建设康养公寓等。此外，茶山竹海还利用现代信息技术，构建网络营销体系和智慧平台，加强品牌营销与推广；并通过社交媒体、旅游网站等渠道，宣传特色旅游项目和康养服务，使景区知名度和吸引力大幅提升，游客数量成倍增长，从而成功树立了特色森林康旅品牌。这不仅推动了当地经济发展，带动了餐饮、住宿等相关产业的繁荣，还在发展过程中有效保护了自然环境，传承了茶文化和竹文化。

（三）完善设施，提升服务水平

在基础设施方面，茶山竹海具备一定的供水基础，但供水系统有待完善；网络建设已有初步框架，但覆盖范围和信号强度不足；农网存在老化和供电不稳定的情况；道路较窄且等级较低。为挖掘并发挥这些资源的作用，当地相关部门采取了一系列积极有效的措施：在供水建设方面，针对供水系统，投入资金进行改造升级，引入先进的净化和供应技术，确保水质优良且供应稳定；在网络建设方面，与通信运营商合作，增设信号基站，实现全面覆盖优质网络信号；在农网建设方面，对现有农网进行大规模改造，更新设备和线路，增强电力供应的稳定性和可靠性；在道路建设方面，不仅对原有道路进行拓宽，还加大资金投入新建道路，提升道路等级和路网密度，保障游客顺畅通行。同时，还积极争取各级财政资金支持，并大力吸引社会资本参与，为基础设施建设提供充足的资金保障。

在完善游客服务工作上，茶山竹海一方面完善游客服务中心，配备专业的咨询人员和先进的信息查询设备，为游客提供优质的咨询服务；另一方面组织服务人员参加专业培训，提升其业务水平和服务意识，让游客感受到贴心的关怀。同时，还增设了生态停车场，合理规划车位，并引入环保观光车，减少车辆拥堵和环境污染，从而优化了旅游环境。

这一系列的改进措施，不仅使游客数量大幅增加，游客满意度显著提升，还使茶山竹海的知名度和美誉度不断提高，成为热门的旅游目的地，并为地区经济发展注入了强大动力，同时也为其他景区的基础设施建设和公共服务提升提供了宝贵的经验和借鉴。

（四）校企合作，培育专业人才

茶山竹海拥有独特的自然生态环境，为森林康旅产业发展提供了天然基础，其周边还拥有众多高校和科研机构，具备丰富的智力资源。为实现多元资源的协同效应，当地相关部门推行了一系列积极措施：一是积极与高校和科研机构展开合作，引入专业的科研力量和前沿的理论知识；二是加大智能化设备投入，如智能健康监测设备、智能导览系统等，提升游客的体验感；三是大力推进新型基础设施建设，建立数据资源中心，对游客的健康数据、消费习惯等进行收集和分析，以便更好地提供个性化服务；四是搭建生态监测平台，实时监测景区的生态环境指标，为森林康旅产业的可持续发展提供科学依据；五是通过举办各种讲座、开设培训课程等方式，促进康旅领域人才培养，加强教育与产业的融合。

地方政府始终坚持以资源为依托，以合作为桥梁，以创新为驱动，不断推动森林康旅产业的发展。一方面加强与外部机构的合作，另一方面注重内部设施建设和人才培养，双管齐下，为产业发展注入源源不断的动力。当地森林康旅产业的科技水平大幅提升，服务质量更加优质，吸引了大量游客前来体验。校企合作培育出的一批康旅领军人才和创新团队，为产业的持续发展提供了有力保障。茶山竹海的森林康旅品牌影响力不断扩大，在全国范围内的知名度和美誉度日益提高，有力推动了当地经济的发展和产业的转型升级。

（五）创新发展，开拓市场空间

茶山竹海自然风光优美，拥有丰富的森林植被和清新的空气，这为森林康旅产业的发展提供了较好的环境基础；同时其具备深厚的文化底蕴，茶文化和竹文化源远流长，具有较高的文化开发价值。此外，其地理位置优越，交通条件日益完善，为游客往来提供了便利。然而，如何在保护生态环境的前提下，实现旅游经济的持续稳定增长，已然成为茶山竹海亟待解决的关键问题。这不仅关系到茶山竹海未来的发展走向，更关乎当地生态、经济、社会的和谐共生。为此，茶山竹海采取了一系列措施：一是积极引入社会资本和多元化投资，打造了集康养、旅游、科研、教育等为一体的综合服务体系。例如，茶山竹海与知名企业合作，建设了现代化的康养中心和科研基地。二是借助"互联网+"和智慧发展理念，推动景区管理和服务智能化、信息化。例如，茶山竹海通过开发智能导览系统、在线预订服务等，提升了游客体验。三是融合多产业领域，构建产业集群和多元化市场主体，激发产业协同效应。例如，茶山竹海将当地的农产品加工与旅游相结合，推出了特色旅游商品。四是不断改进完善交通网络及设施，有效解决交通瓶颈问题。例如，茶山竹海通过开发森林绿道项目，让游客能够更便捷地深入景区欣赏美景。五是依托独特的自然景观资源，精心打造特色旅游服务产业与市场。例如，茶山竹海举办茶文化节、竹艺展览等活动，吸引了大量游客。六是培育特色企业群体，推广新型养老模式，开拓中高端养老市场。例如，一些专业的养老服务企业入驻，茶山竹海为游客提供个性化的养老服务。七是建设文化教育与休闲养老设施，丰富森林康旅产业文化内涵和功能多样性。例如，茶山竹海修建了文化展览馆、老年大学等设施。

四、经验启示

本章通过对重庆永川茶山竹海森林康旅产业发展进行探索式分析，总结出五点经验启示。

（一）紧跟政策方向，发挥生态功能

地方政府的规划引领为茶山竹海的生态功能发展奠定了坚实基础。在科学规划和生态保护方面，地方政府积极响应国家生态文明建设的号召，对茶山竹海进行科学规划，加大生态保护修复力度。这一举措不仅为游客提供了优美的自然景观，也为森林康旅产业的发展提供了可持续的生态资源。在基础设施建设方面，地方政府围绕森林康旅产业发展需求，加大对茶山竹海的基础设施投入；同时，景区高度重视服务质量提升，通过开展员工培训，提高员工素质，为游客提供贴心服务。这些举措大大提高了茶山竹海的核心竞争力，吸引了更多游客前来旅游，促进了当地森林康旅产业的发展。在生态功能与旅游产业融合方面，地方政府将生态保护与旅游开发相结合，充分发挥茶山竹海的生态功能，着力打造生态旅游品牌。例如，利用茶山竹海的生态资源，开发各种体验活动与项目；结合历史遗迹打造文化旅游线路；举办展览、讲座等活动，提升其文化吸引力。通过这些举措，茶山竹海实现了生态保护与旅游开发的良性互动，推动了森林康旅产业的可持续发展。

（二）挖掘、整合本土资源，打造特色品牌

深入挖掘本土资源是打造特色品牌的基础，茶山竹海拥有丰富的茶竹资源、历史遗迹等本土特色元素。全面整合本土资源则是实现优势互补的关键所在，茶山竹海将茶竹资源、历史文化资源与森林康旅产业深度整合，成功实现了资源优势互补，为游客提供了全方位、高品质的旅游体验。此外，茶山竹海还积极运用现代信息技术，进行品牌营销推广。同时，通过各种媒体渠道进行宣传推广，提高茶山竹海的知名度和美誉度。综上所述，茶山竹海通过深入挖掘本土资源、全面整合资源以及进行品牌营销推广，成功打造出特色品牌，也为森林康旅产业发展提供了有益的借鉴。

（三）完善基础设施，提高核心竞争

完善基础设施是提升森林康旅产业核心竞争力的重要基础。茶山竹海投入大量资金对景区道路进行了升级改造，不仅拓宽路面、增加标识，还完善了安全设施。如今，游客可以更加顺畅地在景区内游览，有效减少了因交通不便带来的困扰。此前，由于部分道路狭窄、崎岖，一些游客不得不放弃前往某些景点，而道路改善后，这些景点的游客数量大幅增加。同时，茶山竹海还积极引进高端酒店和特色民宿，并打造具有地方特色的美食街。这些举措不仅提高了游客的舒适度和满意度，还延长了游客在景区的停留时间，从而增加了旅游消费。综上所述，茶山竹海通过完善基础设施，全面提升了自身的核心竞争力，也为其他地区发展森林康旅产业提供了宝贵经验。

（四）多元合作并培养专业人才，注重服务提升

多元合作是推动森林康旅产业发展的强大动力，茶山竹海积极与各方合作，实现资源的优势互补。例如，与高校合作开展科研项目，深入挖掘茶竹文化内涵，为旅游产品的开发提供学术支撑；与旅游企业合作推广茶山竹海的旅游品牌，进一步扩大市场影响力。通过多元合作，茶山竹海汇聚了各方的智慧和力量，为产业发展注入了新的活力。培养专业人才是提升森林康旅产业核心竞争力的关键所在。茶山竹海与职业院校建立合作关系，定向培养旅游专业人才，为产业发展提供源源不断的人才支持。同时，茶山竹海始终坚持以游客为中心，不断优化服务流程，提高服务质量。综上所述，茶山竹海通过多元合作、培养专业人才以及注重服务提升，在森林康旅产业发展中取得了显著成效，其他地区在发展森林康旅产业时，可以借鉴茶山竹海的经验，并结合本地实际情况积极探索适合自身的发展路径，从而推动森林康旅产业的繁荣发展。

（五）多元产业融合，开拓广阔市场

多元产业融合能够充分发挥不同产业的优势，实现资源的优化配置。茶山竹海将茶竹产业、旅游产业与康养产业深度融合，依托茶园竹海开发了丰富多样的体验活动与项目。这种融合不仅满足了游客对旅游的多元化需求，还提升了茶山竹海的吸引力和竞争力。多元产业融合有助于拓展产

业链，增加产业附加值。茶山竹海以茶竹资源为基础，结合历史遗迹，打造文化旅游线路，提升文化吸引力。同时，加大完善基础设施的力度，引入高端酒店与特色民宿，推出特色美食，为游客提供全方位的服务。通过这些举措，茶山竹海成功地将单一的观光旅游转变为集文化体验、休闲度假、康体养身于一体的综合性旅游。随着人们生活水平的提高和消费观念的转变，游客对旅游产品的需求也越来越多样化。茶山竹海通过多元产业融合，满足了不同年龄、不同层次游客的需求，吸引了来自全国各地乃至海外的游客。综上所述，茶山竹海通过多元产业融合，实现了资源的优化配置、产业链的拓展以及市场空间的开拓，也为其他地区发展森林康旅产业提供了有益借鉴。

第十章 四川南江米仓山森林康旅产业发展的创新与实践

一、基本情况

米仓山森林康养基地（以下简称"米仓山基地"）位于四川盆地东北边缘的南江县北部，地处秦巴（秦岭—大巴山）山区的米仓山南麓，其东、北与陕西省汉中市南郑区相邻，南抵南江县沙坝乡、关坝乡、寨坡乡和杨坝镇，西靠广元市旺苍县，同光雾山国家风景名胜区相邻。这里的气候温和湿润，四季分明，属于亚热带大陆性季风气候区域，年降水量多达1 200毫米以上，年平均气温15 ℃左右。米仓山基地以其独特的自然景观和丰富的生物多样性而闻名。其由88个景点组成，包括74个自然景观和14个人文景观，森林覆盖率高达97.3%，被誉为"天然氧吧"。米仓山基地的植物资源丰富，拥有种子植物134科554属1 300种，其中国家一级重点保护野生植物有红豆杉、南方红豆杉两种；同时还拥有丰富的中药材资源，如党参、天麻等。此外，米仓山基地动物资源同样丰富，包括云豹、林麝、金雕、大鲵（娃娃鱼）、红腹角雉等国家珍稀动物。

米仓山基地是四川省首批入选国家森林康养基地（第一批）名单的项目之一，其建设和发展得到了国家林业和草原局、民政部、国家卫生健康委员会、国家中医药管理局四部门的联合支持和指导。

二、发展历程

（一）起步阶段：生态保护筑牢发展基础（1995—2009 年）

这一时期，随着国家对环境保护的意识增强，地方政府及相关部门也逐渐意识到保护原始森林的重要性。1995 年，米仓山森林公园（以下简称"米仓山公园"）始建，旨在保护当地的野生动植物资源及其栖息地。在此期间，主要工作集中在基础性的生态保护上，包括森林防火、病虫害防治以及野生动物监测等。同时，为了更好地管理和利用这里宝贵的自然资源，地方政府还组织了多次科学考察活动，以全面了解区域内的生物多样性和生态系统状况。这些考察活动不仅积累了大量的科研数据，还为后续的旅游开发提供了宝贵的参考信息。2002 年 12 月，米仓山公园被批准为国家级森林公园。2007 年，米仓山公园所在地区被评为"中国红叶之乡"，这进一步提升了米仓山公园在国内外的影响力。这一时期的重点在于加强基础设施建设，提升公园接待能力和服务水平。地方政府加大了对交通设施的投资力度，修缮了通往米仓山公园的主要道路，并在公园内铺设了更加完善的步行道，使游客能更方便地游览各个景点。

（二）发展阶段：产业转型助力品牌打造（2010—2016 年）

到了 2010 年，随着人们健康意识的增强以及国家对生态文明建设和健康产业的支持政策不断出台，米仓山公园抓住机遇，积极转型，逐步从单纯的自然观光型景区向集休闲度假、康体养生于一体的综合性森林康养基地转变。2015 年，米仓山公园被四川省确定为"四川省森林康养试点示范基地"。这一时期，米仓山公园开始引入森林康养概念，并着手打造相关项目和服务体系。在硬件设施方面，米仓山公园除了继续完善原有的旅游配套设施外，还特别增设了一批专门用于森林康养活动的场所，如瑜伽平台、冥想室等。在软件服务方面，米仓山公园联合多家医疗机构及专业团队，设计了一系列针对不同人群需求的康养课程，其涵盖中医调理、心理疏导等多个领域。此外，米仓山公园还通过与周边社区的合作，将当地的特色文化融入森林康养活动中，让游客在享受自然美景的同时，也能深入了解当地的风土人情。这一系列举措不仅提升了米仓山公园作为森林康养基地的吸引力，还为其赢得了广泛的社会认可。

（三）深化阶段：聚焦康养开发旅游产业（2017年至今）

2017年，米仓山公园被批准为全国森林康养基地试点建设单位（第二批），这不仅是对其过去工作的肯定，更是对其未来发展的激励。以此为契机，米仓山公园加快了各项森林康养项目的推进速度，并在2020年成功入选国家森林康养基地（第一批）名单，这标志着其已经成为国内领先的森林康养基地之一。为了满足日益增长的市场需求，米仓山基地在原有基础上进一步丰富和完善了森林康养服务体系。例如，其增加了基于现代科技的健康管理服务，包括智能穿戴设备监测、个性化健康评估报告等；推出了结合传统中医与现代营养学原理的食疗养生菜单；还定期邀请国内外知名专家开展专题讲座或工作坊，帮助游客获得更专业的康养知识。同时，米仓山基地也非常注重可持续发展理念，在保持良好生态环境的前提下合理规划和发展旅游产业，其通过实施严格的环境管理制度，确保所有建设项目都不会对自然环境造成破坏。此外，米仓山基地通过加强交通建设、提升景区设施、挖掘多样资源、打造品牌、举办活动、发展多元业态等方式以及加强宣传营销等方式有力促进了当地森林康旅产业发展。

纵观米仓山基地发展历程，其展示了如何通过科学规划和管理，在保护自然环境的同时实现经济效益和社会效益的共赢。从最初的米仓山公园到如今的米仓山基地，其不仅成了国内知名的森林康养基地，也为其他类似地区的可持续发展提供了宝贵经验。未来，米仓山基地将继续深化其康养功能，不断创新服务模式，努力成为一个国际一流的森林康养基地。

三、基本做法

（一）做好生态保护，夯实森林康旅产业开发的基础

在生态保护方面，南江县积极采取措施，全力保护米仓山基地的生态环境。一方面，南江县建立了完善的生态环境保护监管体系，通过层层落实责任，确保了每一项生态保护工作都有人负责、有人落实。同时，南江县还加强了常态监管，筑牢了保护防线，以露天焚烧管控、烟花爆竹禁燃、集中式饮用水水源地保护、农村环境综合整治、污水处理设施运行管

理、各类水体环境管理等为监管重点，常态化加强大气、水等污染防治工作。此外，南江县还积极开展生态修复工作，通过补植复绿、增殖放流等方式，恢复受损生态环境，提高生物多样性。

这些生态保护措施的实施，不仅保护了米仓山基地的生态环境，还为森林康旅产业的发展提供了有力支撑。优美的生态环境是森林康旅产业的核心资源，是吸引游客前来观光旅游、休闲度假的关键因素。南江县通过加强生态保护，提升了米仓山基地的知名度和美誉度，为当地森林康旅产业吸引了更多客源和创造了更多发展机遇。同时，南江县还依托米仓山基地的生态优势，大力发展绿色食品产业，为游客提供了丰富的绿色食品选择，进一步延伸了森林康旅产业链条，有力地推动了森林康旅产业的发展。

（二）重视规划引领，制定森林康旅产业发展的政策

在森林康旅产业发展中，南江县高度重视规划引领，通过科学制定和实施相关政策，为产业的持续发展提供了有力保障。南江县坚持以《南江县全域旅游发展规划》《南江县文旅融合"十四五"规划》等为指引，明确了当地森林康旅产业的发展定位和目标。这些规划不仅全面统筹了旅游资源的开发利用，还积极探索康养、农业等产业的融合路径，致力于构建多元化产业格局。在此基础上，南江县重点推进了云顶茶旅融合片区、光雾山诺水河文旅融合发展示范片区等六大乡镇片区旅游专项规划，立足各片区独特的自然资源与文化资源优势，以文旅产业为先导，带动康养、农业等产业融合发展。

为了落实这些规划，南江县出台了一系列配套政策措施，包括加强项目储备和招商引资、推进全域旅游体制改革创新、优化旅游业态供给等。同时，南江县还注重提升旅游设施水平与服务质量，加强景区管理与运营，为游客提供高品质的旅游体验。此外，南江县还通过举办各类旅游节庆活动，加强宣传推广，不断提升景区的知名度与影响力，从而吸引更多的游客前来体验。综上所述，南江县通过科学制定和实施当地森林康旅产业发展规划及相关政策，为产业的持续发展提供了有力保障，推动了当地森林康旅产业的快速崛起和多元化发展。

（三）研究市场需求，提供森林康旅产业需要的服务

米仓山基地通过多种方式深入研究市场需求，为森林康旅产业发展提

供精准服务。一方面，积极开展市场调研，与专业的市场调研机构合作，定期收集和分析游客数据，包括游客的来源地、年龄层次、消费习惯、兴趣偏好等。例如，通过问卷调查、访谈等方式了解不同年龄段游客对森林康旅项目的不同需求，年轻游客可能倾向于体验式的森林康旅活动，如户外运动与养生课程相结合；而中老年游客则更关注医疗保健和休闲养生设施。另一方面，米仓山基地通过密切关注旅游市场动态和趋势，分析国内外森林康旅产业的发展方向，并学习借鉴先进经验。随着人们健康意识的提高和对高品质生活的追求，米仓山基地敏锐地捕捉到了市场对生态康养、休闲度假的需求增长。

基于对市场需求的研究，米仓山基地为森林康旅产业发展提供了有针对性的服务。在产品开发上，其根据不同游客群体的需求，打造了多样化的森林康旅产品。例如，米仓山基地针对追求养生的游客，推出了中医养生保健项目，并提供特色的食疗、药疗服务；针对喜爱户外运动的游客，开发了徒步、登山、骑行等线路，并配备专业的向导和安全保障设施。在服务提升方面，其通过加强对旅游从业人员的培训，提高服务质量和专业水平，以满足游客对个性化、专业化服务的需求。同时，米仓山基地还不断完善基地的配套设施（如建设民宿、康旅度假酒店等），为游客提供舒适的居住环境。综上所述，米仓山基地通过深入研究市场需求并提供相应服务，提升了基地的竞争力和吸引力，从而有效地推动了当地森林康旅产业的发展。

（四）促进文化赋能，丰富康旅产业品质的内涵

在促进文化赋能方面，南江县通过深入挖掘和传承当地的历史文化、红色文化以及乡愁文化，较大地丰富了森林康旅产业的品质内涵。具体而言，不仅保护和修复了万寿宫、禹王宫等古建筑，还积极挖掘米仓古道上的题刻、碑记等历史文物，将传统文化元素融入森林康旅产品中，为游客提供了丰富的历史文化体验。同时，南江县还整合红军遗址和地方红军传说等资源，巩固提升红色教育资源，结合新农村建设，合理开发红色文化产品，让游客在游览过程中感受到革命历史的厚重。例如，普照寺片区、红沙线等乡村旅游示范带通过将原生态和现代化、人文气息和休闲旅游相结合，不仅加大了对传统民居、传统院落的保护力度，还促使传统农家乐升级为民宿，从而为游客提供了具有乡愁文化特色的旅游体验。

这些举措不仅提升了森林康旅产品的文化内涵和品质，还增强了游客的参与感和体验感，使森林康旅产业更具有吸引力和竞争力。通过文化赋能，南江县成功地将传统文化与森林康旅产业相结合，为当地的经济社会发展注入了新的活力，同时也为游客提供了更加丰富多样的旅游选择。

四、经验启示

（一）生态保护先行，筑牢森林康旅产业基础

米仓山基地的经验表明，森林康旅产业的发展与生态环境的保护密不可分。只有在生态环境得到妥善保护的前提下，森林康旅产业才能具备吸引游客的自然魅力和独特优势。因此，在森林康旅产业的规划和开发过程中，我们必须始终坚持生态保护的原则，确保生态环境的健康与稳定。同时，森林康旅产业的发展也需要注重与生态环境的深度融合。生态资源的合理利用，不仅有助于打造具有地方特色的森林康旅产品，还可以进一步提升森林康旅产品的品质和内涵，使其更具吸引力和竞争力。这种深度融合不仅有助于实现森林康旅产业的可持续发展，还能为当地经济社会的全面发展注入新的动力和活力。

（二）打造森林康旅品牌，引领森林康旅产业转型

森林康旅品牌的塑造，不仅是对区域特色资源的挖掘与整合，更是对市场需求精准把握的体现。具有地域特色、文化内涵、市场吸引力的森林康旅品牌，可以显著提升区域森林康旅产品的知名度和影响力，从而吸引更多游客，进而促进森林康旅市场的繁荣。在森林康旅品牌的引领下，森林康旅产业得以从传统旅游模式向更加注重品质、健康和生态的方向转型。这一转型不仅提升了森林康旅产业的附加值，还推动了产业链上下游的协同发展，形成了更加完善的森林康旅生态系统。从一般规律来看，森林康旅品牌的打造与产业转型是相互促进、相辅相成的。品牌的成功塑造可以推动产业转型的深化，而产业转型的成功又为品牌的持续发展提供了有力支撑。因此，对于森林康旅产业发展而言，打造具有影响力的森林康旅品牌，是引领产业转型升级、实现可持续发展的关键所在。

（三）依托顶层设计，指引森林康旅产业发展方向

顶层设计不仅为森林康旅产业发展提供了明确指引，还确保了资源的合理配置和高效利用。科学规划可以避免盲目发展和资源浪费，以推动森林康旅产业朝着高质量、可持续的方向前进。良好的顶层设计有助于通过整合各方资源和力量来形成合力，从而共同推动森林康旅产业的发展方面。在森林康旅产业的顶层设计中，我们需要充分考虑市场需求、资源禀赋、生态环境等因素，以确保森林康旅产品的多样性和差异化。此外，我们还需要注重文化元素的融入，以提升森林康旅产品的文化内涵和品位，从而更好地满足游客的多元化需求。总之，依托顶层设计指引森林康旅产业发展方向，是产业实现可持续发展的重要保障。

（四）挖掘文化底蕴，创新森林康旅产业服务模式

文化底蕴是森林康旅产业的灵魂，我们通过深入挖掘当地的历史文化、民俗风情、自然景观，可以丰富森林康旅产品的内涵，并提升森林康旅产品的吸引力。同时，文化元素与康旅服务的融合，可以为游客提供更加个性化、差异化的服务体验，满足游客对精神文化的需求。在服务模式创新方面，米仓山基地积极探索多元化、融合化的森林康旅服务模式，如结合生态农业、手工艺制作等产业，打造森林康旅产业链，为游客提供全方位、多层次的森林康旅服务。此外，其还注重运用现代科技手段，来提升森林康旅服务的智能化和便捷化水平，从而为游客提供更加高效、便捷的服务体验。综上所述，挖掘文化底蕴和创新康旅服务模式是森林康旅产业发展的两个重要方面，它们相互促进、共同推动了森林康旅产业的转型升级和可持续发展。

第十一章 海南仁帝山雨林森林康旅产业发展的创新与实践

一、基本情况

仁帝山雨林康养基地（以下简称"仁帝山基地"）位于海南省五指山市，处于 6 000 平方千米的国家森林公园绿色核心区，建设用地 200 亩，建筑面积 25 万平方米，规划建设 3000 余套公寓，可服务 3 000 个会员家庭。其以"让热爱生命的尽享天年"为使命，提供"自愈康养、旅居度假、会议餐饮、培训教学"等多种服务。仁帝山基地通过"九大长寿处方"结合"回归农耕、采集时代"的自然疗法、重启生命自愈系统，达到自修自愈自健康的目的。其配套设施齐全，包括阅览室、国学堂、书画室、手工室、琴房、棋牌室、电影院、健身器械、老年大学、游泳池、温泉泡池、儿童乐园等。仁帝山基地内的公寓三面环山，一面朝向市区，进则繁华，退则宁静，可瞬间切换城市模式和度假模式。其建筑是与雨林浑然一体的超薄板式楼，房间能自主呼吸，免空调，24 小时开窗睡觉，负氧离子充足。

仁帝山基地以传统仁文化为核心，通过以互联网科技为支撑的"医养结合、中药养生、抱团养老、交换旅居"服务体系，努力营造全生态雨林康养社区。其开发了六种水质六种配方的温泉黎药泡浴，"一人一处方"的单人南药缸浴、木桶浴，以及"万米气疗健康步道"及"药用植物花园"。2018 年 2 月 8 日，仁帝山基地、中国老年医学学会、五指山市卫生与计划生育委员会三方经友好协商签约，共同建设"互联网+医养结合示范基地"，在全国首创了共享互助式养生养老模式，提供共享产权、共享家政服务、共享护理服务、共享医疗服务、共享交通服务，共享共建文化艺术服务，同时基地还提供个性化定制高端服务。仁帝山基地将建成全国首个集互联网、养老养生、老年病防治康复、老年医学研究基地。

二、发展历程

（一）起步阶段：建设基地发展雨林康养产业（2017 年）

2017 年，五指山仁商基业有限公司（以下简称"仁商基业"）投资的仁帝山基地成立。6 月 2 日，仁帝山基地积极和当地市教育局、市人社局、市就业局、市扶贫办等职能部门建立联系，争取政策支持，打造基地口碑；同时还与省农林科技学校开展校企合作，开设了校企联合定向培养签约暨励志班"职业规划课"课程。6 月 17 日，为了响应国家扶贫政策和践行社会责任，仁商基业和海南农发行在扶贫点番阳镇举行了"扶贫日银企励志恳谈会"。6 月 26 日，为了招商引资，更好地将仁帝山基地建设起来，海南综合招商活动五指山市专题招商推介会暨签约仪式在该市福德莱大酒店举行。12 月 1 日，仁帝山基地喜迎第一批入住会员。之后，其陆续吸引了国内外的专家学者莅临参观考察。

（二）发展阶段：构建旅居康旅发展模式（2018—2021 年）

2018 年，仁帝山基地正式开始运营，为全国客户提供康养旅居、养生住宅、健康管理等服务。2018 年 2 月 8 日，仁商基业、中国老年医学学会、五指山市卫生与计划生育委员会三方经友好协商签约，共同建设"互联网+医养结合示范基地"，在全国首创了共享互助式养生养老模式。同年，仁帝山基地获批成立了海南黎家草棠康复医疗中心，该中心占地面积约 3 万平方米，设置了运动中心、理疗中心、营养中心、康复中心、国医堂、调理中心、氢氧中心等区域。同时，海南黎家草棠康复医疗中心还开设了远程会诊、慢性病专科治疗室、治未病研究中心、黎药研究中心等医疗区域，并引进了负氧离子生命舱、氢分子免疫舱、负氧离子坐灸仪等现代化的调理设备。2020 年 6 月，仁帝山基地入选国家森林康养基地（第一批）名单。2021 年，仁帝山基地在 2021 中国生态康养博鳌峰会中获得中国林业与环境促进会授予的"首批全国五星级生态康养基地"称号和中健联"2021 中国养老社区十大品牌"。

（三）深化阶段：持续研发康旅体验产品（2022 年至今）

2022 年，仁帝山基地携"上医气场"等产品首次亮相第六届海南国际健康产业博览会，受到国内外康养同行的高度关注和赞誉。基地不断探索创新，研发多种雨林康养创新产品，如"雨林气场""上医自愈叠场仪""上医氢倍徕吸氢机""富硒忧遁茶"等，丰富了康养服务的内容和形式。2023 年年底，仁帝山基地创立全国首家森林医院，其成为中国森林医院联盟成员单位。近年来，仁帝山基地持续完善服务体系、提升服务质量，并开展多样化的康养活动，吸引了越来越多的人前来体验和居住，逐渐成为海南森林康旅产业的知名品牌和示范基地。

纵观仁帝山基地发展历程，其以"让热爱生命的尽享天年"为使命，与时俱进，结合互联网等信息技术，将基地建设成为"互联网＋医养结合示范基地"、入选国家森林康养基地（第一批）名单、在博鳌峰会获得"首批全国五星级生态康养基地"称号，并成为中国森林医院联盟成员单位等，这些成果和荣誉的获得不仅让前来旅游养生的游客更加放心，还为当地乡村振兴工作做出了重大贡献，实现了生态效益与经济效益的有机结合。

三、基本做法

（一）因地制宜挖掘自然条件的产业价值

因地制宜挖掘自然条件的产业价值是指根据当地的具体情况，制定适宜的措施来开发利用自然资源，以促进当地经济发展和产业升级。这一过程需要根据不同地区的自然条件、社会经济状况等因素，采取适当的措施来提升资源的利用效率和经济价值。五指山市拥有得天独厚的热带雨林资源，其周边茂密的森林提供了丰富的负氧离子，空气清新宜人。仁帝山基地充分利用这一自然优势，通过保留大量原生植被，营造出与自然融为一体的生态环境，让游客可以尽情享受宁静的森林氛围，远离城市的喧嚣和污染。同时，仁帝山基地还巧妙地利用地形地貌，规划建设了舒适的居住设施和休闲区域，让游客在欣赏自然风光的同时，也能感受到便捷与舒适。例如，雨林徒步活动能让游客在热带雨林中呼吸新鲜空气，感受大自然的宁静与神奇，同时还有专业的导游介绍雨林中的植物和生态知识；温泉康养项目则能让游客在放松身心的同时，享受当地的自然恩赐。

（二）市场需求催生多样化康旅体验服务

市场需求催生了多样化康旅体验服务。随着人们对健康和旅游需求的增加，康旅体验服务应运而生，其旨在为人们提供一种结合健康、养生和旅行的新型旅游模式。这种服务不仅满足了人们对自然风光和文化遗产的追求，还注重个人的身心健康。康旅体验服务的特点包括深度体验与健康追求、多元化产品与服务、定制化服务与跨界融合。仁帝山基地成立的上医时光（海南）康复医疗中心通过中医手法、自然医学、黎族医药等绿色康复手段，为游客提供"未病先防，既病防变，病愈防复"的相关服务，起到"未病养生、防病于先、微恙干预、防微杜渐和已病早治，防其传变"的作用，并通过"五大处方"（食疗、睡眠、心理、运动、康养），重启生命自愈系统，达到自修自愈自健康的目的。例如，仁帝山基地为素食者提供专门的素食菜单，为过敏体质的人提供无过敏原的食品。餐厅的厨师会根据季节和天气变化，调整菜品的搭配和烹饪方式，以满足游客的养生需求。此外，仁帝山基地还提供"食、康、养、娱、游、学"一站式旅居康养服务，配备了游泳池、温泉泡池、琴房、棋牌室、书画室、禅修堂、乒乓球室、羽毛球场、门球场、老年大学、电影院、南药培植与果蔬农庄采摘基地等项目配套设施，帮助游客在娱乐生活中改变生活习惯，还原自愈力。

（三）康养文化打造本土化旅游度假社区

康养文化打造本土化旅游度假社区是一种将康养理念与旅游度假相结合的新型社区模式，旨在为游客提供一种健康、舒适的，结合本土特色的生活方式。这种模式不仅关注游客的身体健康，还注重精神文化的享受，通过整合文化与康养资源，打造多元化的旅游产品，提升旅游体验质量。五指山市有着丰富的黎族、苗族等少数民族文化。仁帝山基地将这些文化元素融入建筑设计、活动策划等方面，让游客在康养的同时，了解和体验当地的传统文化。这体现在以下四个方面：一是融合当地民族医药，仁帝山基地积极引入当地黎族、苗族等少数民族的民族医药资源和传统疗法。

例如，当地民族医生受邀到仁帝山基地坐诊，为游客和居民提供特色的草药浴、艾灸等疗法。这些疗法采用当地特有的草药，具有独特的疗效。同时，仁帝山基地开设了民族医药文化展示区，介绍当地民族医药的历史、传统配方和治疗方法，让游客在体验康养服务的同时，了解当地的民族文化。二是推出"民族文化传承工作坊"活动。例如，当地黎族、苗族的手工艺人受邀到仁帝山基地为游客展示传统的纺织、刺绣、编织等技艺。游客可以亲自参与其中，学习古老的纺织方法，用传统的织机织出精美的图案；或尝试苗族刺绣，在绣布上绣出绚丽多彩的花纹；或学习编织技艺，用竹条、藤条等材料制作出实用的手工艺品。三是专业讲解。仁帝山基地安排专业的文化讲解员，通过图片、实物展示等方式，为游客介绍黎族、苗族的历史、文化、风俗习惯等，让游客深入了解这些少数民族的独特魅力。四是举办民族文化讲座。仁帝山基地邀请学者和专家来讲述黎族、苗族的神话传说、音乐舞蹈、传统节日等方面的内容。游客在讲座中可以积极提问、交流，以进一步加深对民族文化的认识和理解。

四、经验启示

（一）保护生态是森林康旅开发的前提条件

"绿水青山就是金山银山"，森林康旅依托良好的自然和人文环境，以森林养生、生态旅居、湖泊观光等形式成为旅游经济新亮点，反映出人们对回归自然美好生活的向往。大自然是人类赖以生存和发展的基本条件，森林康旅应当在尊重自然、顺应自然、保护自然的前提下培育壮大、融合发展，从而不断满足人民群众绿色环保的旅游消费需求。森林康旅的基础是良好的生态环境，因此必须把生态保护放在首位。仁帝山基地在开发过程中，严格控制开发强度，以避免对森林资源造成破坏，并着力保护森林的植被、土壤、水源等生态要素，以维持生态系统的平衡和稳定。例如，在建设初期，仁帝山基地进行了细致的生态评估和规划；在建设基础设施时，其尽量采用生态环保材料，减少对自然环境的影响。此外，仁帝山基地在设计时充分考虑了其周边的地形地貌、植被分布和生态廊道等因素，以尽量减少对原有生态系统的破坏。例如，在建筑布局上，其避开了一些重要的生态敏感区域（如珍稀植物生长地和野生动物栖息地），并严格控制建筑的高度和密度，以确保不影响森林的采光和通风。

（二）以人为本是森林康旅服务的本质要求

森林康旅服务强调"以人为本、以林为根、以康为要、以养为源"的发展理念，充分利用森林生态环境提供的丰富氧气、负氧离子等资源，并配备相应的养生、休闲、医疗、康体服务设施，满足人们修身养性、调适机能、促进身心健康的需求。森林康旅产业发展的本质要求是以游客的需求和体验为核心，提供舒适、便捷、安全的旅游服务。因此，应根据不同人群的健康需求，设计多样化的康旅产品和活动，仁帝山基地的具体做法如下：一是居住设施人性化。仁帝山基地的房间布局合理，充分考虑了不同人群的需求。例如，其针对行动不便的老年人设置无障碍通道和扶手，卫生间采用防滑地砖和坐便器扶手等设施，以确保他们的安全和便利。二是医疗保健服务贴心周到。仁帝山基地配备了专业的医疗团队，为入住者提供全方位的医疗保健服务。医生会定期为入住者进行体检，了解他们的身体状况，并制定个性化的健康管理方案。护士们则会 24 小时值班，随时为有需要的人提供医疗帮助。对于患有慢性疾病的入住者，仁帝山基地还会提供专门的护理服务。例如，其为糖尿病患者提供低糖饮食和血糖监测服务，为高血压患者提供血压监测和药物管理服务等。同时，仁帝山基地还会组织健康讲座和康复训练活动，帮助入住者提高自我保健能力。

（三）永续发展是森林康旅开发的坚持原则

永续发展是森林康旅开发的根本原则，其强调开发与保护的平衡，即注重经济、社会和环境的协调发展。森林康旅开发需要考虑当地社区的利益，以促进当地经济发展。具体措施可包括鼓励当地居民参与旅游开发与经营活动，为他们提供就业机会和增收渠道。与此同时，应加强对旅游资源的管理和保护，以确保森林康旅产业能够长期持续发展。仁帝山基地在日常运营中积极践行资源循环利用理念：在水资源管理方面，其建立了雨水收集系统，将收集到的雨水经过处理后，用于绿化灌溉和景观用水，从而大大降低了对市政供水的依赖。在能源利用方面，其安装了太阳能热水系统，为入住的客人提供热水，从而有效减少了对传统能源的消耗。在垃圾处理方面，其对生活垃圾进行分类处理，将可回收物进行回收利用，有机垃圾则进行堆肥处理，用于基地内的农业种植，从而形成了资源的循环利用链条，有效降低了对环境的负面影响，践行了可持续发展理念。

（四）保障安全是森林康旅体验的基本底线

安全是旅游的底线，没有安全就没有良好的旅游体验。各地文旅部门要统筹好发展与安全，坚持发展和安全并重，将安全作为检验文旅产业可持续发展的重要标尺。相关部门应确保游客在森林康旅过程中的安全，建立完善的安全管理体系，加强对旅游设施的安全检查和维护，制订应急预案。例如，在森林中设置清晰的标识和指示牌，提醒游客注意安全事项。同时，还应加强对游客的安全教育，提高游客的安全意识。以仁帝山基地为例，该基地配备了专业的医疗团队和先进的医疗设备，并在基地内设置了 24 小时值班的医务室，有经验丰富的医生和护士随时待命。客人一旦出现身体不适或突发疾病，医疗人员能够迅速对其进行初步诊断和紧急处理。同时，仁帝山基地还与附近的大型医院建立了快速转诊通道，以确保在紧急情况下能够及时将患者送往专业医疗机构进行救治。此外，仁帝山基地也非常重视食品安全，建立了严格的食品采购、储存和加工流程。具体来说，在采购环节，其只选择有资质的供应商，以确保食材的新鲜和安全。在储存环节，其遵循分类储存、先进先出的原则，以确保食材在储存过程中不会变质。在加工环节，厨房工作人员严格遵守卫生标准，佩戴口罩、帽子和手套等防护用品，所有餐具都经过高温消毒。此外，仁帝山基地还会定期对食品进行抽样检测，以确保食品安全无虞，并定期公布食材的来源和检测报告，让客人吃得放心。

（五）突出特色是森林康旅宣传的吸引亮点

森林康旅强调以森林生态环境为基础，通过景观打造或景区规划，达到保健养生、康复疗养的效果。拥有丰富多样的森林康养产品、优美宜人的自然人文环境和专业指导的森林康旅基地更能吸引游客前往。森林康旅基地开发应充分挖掘当地森林资源的特色和优势，并结合当地的文化传统、民俗风情等，开发具有地域特色的康养项目，进而打造出具有独特魅力的森林康旅基地。以仁帝山基地为例，其在自然景观、基础设施、特色康养活动方面特色显著。具体来说，在自然景观方面，其拥有宜人的气候条件、优质的空气和水源等。在基础设施方面，其有中国首家森林医院样板店，有上医时光九养馆的黎药泡浴，有生态食材有机链，住宿具备"通风采光接地气，无毒无忧无辐射"的深度睡眠条件，配备全方位无障碍设施等。在特色康养活动方面，其利用森林中的温泉资源开发温泉康养项目，结合当地少数民族文化开展文化体验活动；特别值得一提的是，基地将雨林徒步与民族医药体验活动充分结合，突出体现了当地的自然与人文特色。

第十二章 广西东兰红水河森林康旅产业发展的创新与实践

一、基本情况

东兰县隶属广西壮族自治区河池市，位于广西壮族自治区西北部，云贵高原南缘，红水河中游，总面积 2 437 平方千米。东兰县地处亚热带，气候温和，雨量充沛，自然资源十分丰富，全县森林覆盖率 63.36%。东兰县历史悠久，资源丰富，素有"四乡"（长寿之乡、将军之乡、铜鼓之乡、板栗之乡）之美称。2010 年春节，时任国务院总理温家宝在东兰县视察并留下了"山清水秀生态美，人杰地灵气象新"的赠言。

红水河发源于云贵高原，流经广西河池的天峨、南丹、东兰、大化、都安 5 个县、流域辐射巴马、凤山 2 县，最终汇入西江流向粤港澳大湾区。江水河全长 659 千米，流经河池市境内 416.2 千米，途经东兰县 115 千米。江水河是西部陆海新通道水运出海中线通道的咽喉要道，素有"黄金水道"之称，区位优势独特，形成了独特、完整的原生态旅游资源富集带。

经济发展方式单一、石漠化现象严重、生态基础脆弱等问题一直制约着东兰县的发展。2011 年《东兰县国民经济和社会发展 第十二个五年规划纲要》提出，要以红水河生态旅游开发为主线，重点实施坡豪生态养生基地、红水河第一湾、弄宁原生态瑶族铜鼓民俗村等景点的建设和开发，要将旅游产业发展为支柱产业。得益于清晰的发展规划，东兰县在生态文明建设不断发展的同时还荣获了"中国最佳绿色生态县""中国最佳养生休闲旅游目的地""中国气候宜居县""中国睡眠康养示范县"等称号。

二、发展历程

（一）起步阶段："资源保护"模式下开启项目建设（2016—2017 年）

生态资源是旅游开发的基础。2016 年，东兰县提出以"坚持保护优先、自然修复为主"的原则对江水河公园实施建设，并在坡豪湖国家湿地公园、红水河第一湾建立一批旅游码头，以构建环保便利的立体交通游览系统。同时，东兰县整合全国异地养老基地、红色旅游基地、壮乡英雄文化园、韦拔群故居、红水河第一湾等旅游资源，以项目建设为载体，促进旅游开发和经济发展。2017 年，东兰县启动实施红水河全域旅游开发，加快推进红水河第一湾景区、长乐山生态养生旅游风景区、三石弄英巴泽山壮族文化体验度假区等旅游公共服务设施建设，包括升级改造旅游宾馆及酒店、探索建立智慧旅游平台以及完善县城城区至红水河第一湾景区的旅游线路交通标识牌等，这些举措推动了东兰县特色旅游业健康发展，有效促进了东兰县的生态文明建设。

（二）发展阶段："特色项目"模式下推进设施建设（2018—2020 年）

2018 年 7 月，东兰县江水河第一湾生态保护与旅游开发项目成功入选第十五届东盟博览会签约项目并获得四亿元投资基金。同年 8 月，东兰县民政局获批建立东兰县红水河红色文化馆项目，项目总建筑面积 1 020 平方米，这促进了红水河旅游资源的开发利用。同年 9 月，东兰县红水河第一湾生态保护与旅游开发项目启动，该项目主要进行生态修复与绿化建设工程、旅游景点与管理服务设施工程以及基础设施配套工程等。2019 年，红水河森林公园被中国林业产业联合会命名为"中国森林养生基地"，成为全市唯一获此殊荣县份。2020 年，东兰县以及东兰县旅游文化投资有限公司对红水河第一湾景区进行深度开发，建成红水河第一湾旅游码头、观光缆车等项目；同年 11 月，红水河第一湾景区跻身国家 4A 级旅游景区。

（三）深化阶段："康养休闲"模式下发展旅游产业（2021 年至今）

康养休闲是东兰县旅游产业发展的主打品牌。2021 年，在完善相关基础设施之后，东兰县继续深挖红色文化，靓丽的自然风光，多姿多彩的民俗风情等资源，重点围绕红水河 115 千米沿线，大力开发并推广民俗传统文化、民宿集群产业、乡村休闲旅游等康旅项目，以促进东兰县森林康旅产业快速发展。2023 年，东兰县开始大力打造东兰"绿色"品牌，加快升级完善红水河公园配套基础设施，加快建成红水河旅游集散中心、红水河长乐大酒店、三弄"蝉逾·青谷"民宿等项目。同年，海南有舍文化旅游发展有限公司开始规划设计红水河第一湾悬崖宿集，该宿集规划建设在红水河公园内，4A 级景区——红水河第一湾的山顶上，宿集包括六大民宿服务功能八大特色配套服务功能区（观湾流瀑餐饮中心、仙踪 SPA、孤独书院、萌溪儿童俱乐部、云顶咖啡、涵秀会议中心、竹间茶舍、揽翠酒吧等）。除此之外，为加快发展露营产业，东兰县还以高标准建设坡豪湖国家湿地公园、红水河第一湾、泗孟、长江 4 个汽车露营基地，并应邀参加深圳龙华 2023 中国国际露营暨中国国际露营产业运营投资大会，助推全县露营经济快速发展。2024 年 3 月，红水河第一湾景区的标志性建筑——铜鼓玻璃观景台开放，这不仅丰富了景区旅游产品，还提升了景区知名度和美誉度，为景区可持续发展奠定了基础。

纵观红水河沿线景区发展历程，其完成了由单一旅游业向多元化产业集群综合发展的过渡，凭借多样化的旅游项目，尤其是借助"生态高地"，实现了从"经济洼地"向"发展高地"的华丽转身。发展至今，红水河沿线景区切实有效地带动了周边群众稳定就业、临时就业以及自主就业。周边群众通过就业、租赁以及相关农副产品销售等多种方式，生活水平得到了显著提升。红水河沿线地区也迎来了全新的发展机遇。

三、基本做法

（一）科学规划先行，盘活生态资源

红水河生态资源丰富，森林康旅产业发展潜力巨大，地方政府高度重视红水河的保护、开发与利用。2011 年，河池市印发相关实施意见明确旅游开发要点，针对现实问题，突出资源特色禀赋来制定相关旅游发展规划。相较于国内外一流内河旅游胜地，红水河文旅综合开发还存在较多问题，如"点"发力弱致核心吸引力不足、"线"突破不足致空间格局不良、"面"协调乏力致营商环境不优、"体"引培不够致市场主体不强等。

为解决这些问题，地方政府采取多方面举措：一方面，聘请知名规划公司和研究院，对红水河旅游资源深入研究讨论，编制出符合实际情况且具有前瞻性的发展规划，明确以"坚持保护优先、自然修复为主"为原则，实现旅游开发与生态保护有机统一。另一方面，以旅游码头为切入点建立便捷交通系统，加强水路连接，为游客提供便利出行方式；同时以项目为载体整合分散旅游资源，发挥协同效应提升整体吸引力。此外，地方政府还大力推进景区公共基础设施建设，包括道路、停车场、游客服务中心等，以提升游客旅游体验。得益于此，红水河生态资源得到初步开发与整合，但生态资源向生态要素转变仍存在资金短缺、人才匮乏、内部主体行动能力不足等制约因素。资金短缺使基础设施建设、旅游项目开发和宣传推广难以全面开展；人才匮乏尤其是旅游管理、规划设计和生态保护人才不足，导致缺乏科学指导和创新思路；内部主体行动能力不足则因缺乏明确主题定位和行动方案，难以吸引游客持续关注和深度参与。因此，地方政府亟须引入外部优势力量，即与专业旅游企业、科研机构合作，并引入资金、技术和人才，提升当地森林康旅产业的核心竞争力，从而推动生态资源向生态要素顺利转化，进而实现产业可持续发展。

（二）融合特色要素，开发旅游产品

东兰县对红水河生态资源进行的初步开发与整合，为激发当地生态资源潜能奠定了良好基础。但蕴含在生态山水、瑶族民俗、红色文化等自然人文景观及其附属生态产品中的价值仍未充分显现。为改变这一现状，东兰县决定大力促进生态要素与其他生产要素紧密结合，为生态产品的开发提供有力的支持。推动生态要素转变为生态产品，是实现生态资源价值最大化的关键步骤。因此，东兰县一方面充分挖掘生态山水的观赏价值、瑶族民俗的文化价值、红色文化的教育价值，将其转化为具有市场竞争力的生态产品，如生态旅游线路、民俗文化体验项目、红色文化研学课程等。另一方面，以市场机制实现生态资源多元化，并建立健全生态产品市场交易体系，通过市场的供求关系和价格机制，合理配置生态资源。此外，东兰县还鼓励企业和社会资本参与生态产品的开发和经营，以及加强生态产品的品牌建设和营销推广，以提高生态产品的知名度和美誉度，从而拓展市场份额。东兰县通过这些举措，实现了对红水河生态资源的多元化开发利用，为当地森林康旅产业的可持续发展提供了坚实保障。

（三）突破产业边界，发展森林康旅

东兰县对红水河生态资源的唤醒以及多种生产要素的投入，不仅实现了对原本山水景观的有效改造与升级，还创造出了能够充分满足森林康旅需求的生态空间与实践空间。生态空间的打造注重生态保护与可持续发展，使得景区内的自然环境更加和谐稳定；实践空间则为游客提供了丰富多彩的活动体验，让他们能够亲身参与到森林康旅之中。然而，由于受到市场边界与组织边界的限制，景区的生态系统与社会系统、生态资源与经济发展的耦合实现程度还远远不够。市场需求不足、市场竞争激烈、部门之间协调不畅以及企业与政府合作不够紧密等问题，导致景区的生态产品难以得到充分的推广和销售。为解决这一难题，以及受政府政策引导和市场需求信号的影响，红水河沿线景区抓住打造"森林康旅"的契机，并依托自身独特的自然景观、红色文化和民俗文化优势，大力推动当地旅游业从生态旅游向生态康旅转变。在地方政府引导下，海南有舍文化旅游发展有限公司倾力打造红水河第一湾悬崖宿集，将自然景观与独特设计风格相结合，大大提升了景区吸引力。同时，这也带动了餐饮、商品销售、交通物流、文化创意等一系列产业链发展。此外，在政策引导下，红水河沿线景区高标准建设露营基地，为游客提供独具特色的森林康旅体验。以上举措丰富了红水河沿线景区的森林康旅产品，满足了不同游客的需求，提升了这些景区的知名度和美誉度，使它们成为集自然观光、文化体验、康养休闲为一体的综合性森林康旅景区，为当地森林康旅产业的可持续发展奠定了坚实基础。

在红水河沿线景区开发利用的过程中，地方政府发挥着支持引导的重要作用，通过制定规划、出台政策、投入资金等方式，为当地森林康旅产业的发展创造了良好的外部环境。旅游企业则发挥着示范运营的作用，通过创新产品、提升服务、拓展市场等方式，为当地森林康旅产业的发展提供了有力的支撑。地方政府的支持引导和旅游企业的示范运营不仅打破了组织边界和市场边界的局限性，还实现了景区的自主发展，使景区逐渐形成了自己的发展模式和特色品牌，具备了较强的市场竞争力和可持续发展能力，从而有效推动了当地森林康旅产业的发展。

四、经验启示

（一）重视旅游规划的引领作用

在发展旅游时，地方政府应树立生态保护至上的意识，认识到良好的生态环境是旅游产业可持续发展的基础。例如，东兰县在旅游发展进程中，尤为重视对当地生态旅游资源的规划工作，并将其视为推动旅游产业发展的关键引领因素。在发展初期，东兰县就坚定地秉持"坚持保护优先、自然修复为主"的核心理念，并以此作为根本原则对江水河沿线景区进行全面且深入的旅游开发规划。这种以保护为前提的规划方式，不仅确保了生态环境的可持续性，更为后续的旅游活动奠定了坚实的自然基础，实现了生态保护与旅游开发的有机融合。

在制定旅游发展策略和规划之前，地方政府应对本地生态环境进行全面评估，以确保生态系统的平衡和稳定。例如，东兰县为了确保规划的科学性、专业性和前瞻性，聘请了业内知名的规划公司和专业研究院，在对红水河丰富的旅游资源进行全方位、深层次的研究与探讨后，精心编制了既符合当地实际情况又具有长远发展眼光的旅游发展规划。这为东兰县旅游产业未来的发展指明了方向，引领着各项旅游工作有序开展。此外，东兰县还根据自身的康旅资源分布情况，创新规划方式，将分散的景点、景区等资源进行有机串联和整合。这不仅提升了游客的游览体验，还为江水河沿线景区的全面开发利用奠定了坚实基础，并进一步凸显了旅游规划在整合资源、优化配置以及推动旅游产业升级方面的重要引领作用。

（二）探索生态价值的转化路径

在探索生态价值的转化路径时，地方政府应全面、细致地对自身资源进行摸底调查，不要局限于表面的认知，而要深入挖掘其内在的丰富价值，从而为后续的价值转化奠定坚实基础。只有充分了解资源的特性和优势，才能有针对性地将其转化为具有市场吸引力的产品和服务。例如，东兰县正是在深入剖析当地独特的生态山水、瑶族民俗以及红色文化等资源后，精准识别其潜在的观赏、文化和教育多元价值，从而打造了多种具有市场竞争力的生态产品。

在生态价值转化过程中，地方政府不能孤立地看待生态资源，而要将其与资金、人才、技术等生产要素有机融合，通过整合各方资源，形成协同效应，以提升生态产品的开发效率和质量；同时，地方政府还要注重市场在生态价值转化中的决定性作用。遵循市场规律能够激发市场活力，提高生态产品的市场竞争力和附加值，从而实现生态资源价值的最大化。此外，地方政府还要善于利用外部资本的力量，为生态价值转化提供强大的资金和技术保障；同时要注意为外部资本创造良好的投资环境，明确其在生态价值转化中的角色和作用，形成政府、企业和居民的共同体，从而实现互利共赢，共同推动当地森林康旅产业发展。

（三）推动森林康旅产业的融合发展

在发展森林康旅产业时，地方政府需要重视前期对本地自然和文化等各类资源的梳理与整合，通过合理投入来实现资源的初步开发和产业形态的初步构建。同时，地方政府还需要明确不同功能空间的定位和打造，实现生态与旅游体验的有机结合，为游客提供既优美又有趣的旅游环境。例如，东兰县在建设前期积极投入多种生产要素对生态资源进行唤醒和开发，为产业融合发展奠定了良好基础。在产业发展过程中，地方政府要提前对可能面临的发展限制进行分析和评估，以便有针对性地制定解决方案，避免问题积累影响产业发展。同时，地方政府也要密切关注政策动态和市场趋势，敏锐捕捉适合本地发展的产业转型和升级机会，借助有利外部因素推动本地森林康旅产业的融合创新发展。例如，东兰县在清晰认识到市场边界与组织边界带来的问题后，根据政府政策引导和市场需求信号，及时抓住"森林康养旅游"这一发展契机，积极推动了产业转型。

（四）挖掘森林康旅的品牌价值

在挖掘森林康旅的品牌价值时，地方政府需要开展详细的资源普查和分析工作，建立资源数据库，以便更好地了解资源的特点和潜力，从而为后续的开发利用提供科学依据。东兰县不仅看到了生态山水的表面景观价值，更挖掘了瑶族民俗、红色文化等背后的多元价值，为品牌构建提供了丰富的数据库。在此基础上，地方政府还要依据资源特性，将其精准转化为符合市场需求的产品和服务。例如，东兰县通过把文化价值转化为研学课程、把观赏价值转化为旅游线路等，提高了资源的附加值和市场竞争力。此外，地方政府还需要加强与专业机构和市场调研公司的合作，以了解游客需求和市场趋势，从而确保价值转化的方向正确且具有前瞻性；同时，要加大品牌营销推广力度，制定全面的营销策略，结合线上线下渠道，提高品牌知名度。

（五）构建康旅服务的供给体系

地方政府在康旅服务的供给体系中发挥着主导作用，科学合理的规划是康旅产业发展的政策保障和支持。同时，基础设施建设也是康旅服务供给体系构建的重要影响因素。例如，东兰县大力推进景区公共基础设施建设，包括道路、停车场、游客服务中心等，以不断完善康旅服务的供给体系。完整的康旅服务供给体系需要政府创造良好的投资环境，以吸引有实力的外部资本参与景区开发和康旅服务建设并与其建立良好的合作关系。具体来说，地方政府通过提供优惠政策、简化审批流程等措施，增强对外部资本的吸引力，同时通过与外部资本共同制定景区发展规划和项目实施方案，明确双方的权利和义务，以确保外部资本的投资与景区的整体发展目标相契合，从而实现互利共赢。此外，地方政府还需要以景区为核心进行康旅服务供给体系建设，从而带动相关产业链的发展，以形成产业集群效应。例如，海南有舍文化旅游发展有限公司，为红水河沿线景区带来资金、技术和管理经验的同时，还促进了餐饮、商品销售、交通物流等配套产业的发展，这不仅丰富了康旅服务的内容，还带动了周边村民的就业。

第十三章　福建泰宁水际村森林康旅产业发展的创新与实践

一、基本情况

　　"中国绿都，最氧三明"，泰宁县位于福建省三明市，三明市则位于福建西部和西北部，是全国最"绿"的地级市之一，水际村地处福建省三明市泰宁县梅口乡东南部，在国家 5A 级风景名胜区——金湖之畔，水际村因村旁有"白水际瀑布"而得名，曾用名白水际，距县城 10 千米，其东紧接南会，西与梅口村仅一水之隔，南连大洋、北邻杉城镇际溪村。水际村环境优美，森林覆盖率较高，其丰富的动植物资源、清新的空气和良好的水质为发展森林康旅提供了得天独厚的自然条件。自 2019 年福建省三明市委、市政府印发《三明市发展全域森林康养产业的意见》以来，水际村更是发挥其"林深水美人长寿"的独特优势，主动作为，敢于先试，努力探索将生态优势转化为发展优势，全力推进全域森林康养产业发展。通过多年发展，水际村形成了独特的徽派特色景观，村民全体参与旅游发展，建立了以家庭旅馆、游船和渔业为主的旅游服务产业，走出了一条旅游助农、旅游兴农、旅游富农的路子，成为远近闻名的富裕村。

二、发展历程

（一）起步阶段：以"湖"兴旅，着力发展乡村休闲旅游（1991—2003 年）

　　水际村依"湖"而居，渔业发展较好，因此在起步阶段，泰宁县政府十分重视金湖的发展，县政府以及村干部带领水际村村民积极参与乡村旅游建设。这具体体现在以下四个方面：一是加大政策支持。1991 年，泰宁县政府确定实施"金湖兴县"战略，并成立金湖综合开发领导小组，加快对金湖的开发建设。1996 年，泰宁县政府将金湖开发区管委会改名为金湖名胜区管委会（以下简称"管委会"），并将管理权力下放，批准管委会对金湖进行直属管理，重点负责金湖的核心盈利点——游船项目，这使得管委会可以大胆放手地去干实事，开始专业化经营游船项目。二是规范经营模式。金湖拥有丰富的淡水渔业资源，但初期村民自发捕捞导致了过度捕捞和鱼种失衡。1999 年，泰宁县政府授权管委会以国有独资的形式成立金湖旅游经济开发实业有限公司，承担金湖的有限责任经营。2000 年，泰宁县政府将金湖的渔业养殖权整体拍卖，同时规定湖畔的专业渔民享有优先权，从而使湖滨下坊和店上两村的居民成为大金湖渔业公司的股东，为游船公司的成立奠定了基础。三是吸引外来投资。为了扩大规模，泰宁县政府决定引入外部资本，借助其资金与管理经验推动当地旅游发展。2001 年，泰宁县政府将金湖的经营权一次性转让给福新公司，外部资本的进入迅速提升了金湖品牌的知名度，吸引了大量商业投资。外部资本的参与不仅显著提高了乡村建设的市场化程度，也催生了水际村农户家庭宾馆业的发展，为当地森林康旅产业的进一步扩展奠定了坚实基础。四是促使乡村产业从农林渔业逐渐转向第三产业。2002 年下坊码头实施整组拆旧建新项目；2003 年，水际村的下坊码头建成旅游新村，将村宅户型设计为双层别墅，外观统一设计为徽派立面，兼具自住、旅游住宿接待功能，下坊新村的建成使水际村出现成片铺排的小城镇景观，在整个县域产生了示范效应，成为全县景观符号。由此，泰宁县城区也开始纷纷仿照徽派风格修建特色建筑。在政府、企业、村民的推动下，各种非农活动、特色景观越来越多，基础设施不断完善，乡村风貌和旅游环境越来越好，乡村旅游得到了较好发展，为以后发展森林康旅埋下了伏笔。

（二）发展阶段：改制创新，夯实森林康旅发展之基（2004—2019 年）

水际村旅游发展到一定阶段后，开始出现瓶颈，因此水际村开始改变经营模式发展渔业和助力森林康旅发展。这具体体现在以下三个方面：一是引进股份制。2004 年，水际村党支部牵头成立渔业协会；2005 年，水际村联合金湖渔民，以渔民自愿入股形式组建了金湖渔业股份有限公司。随后，水际村成立了多个协会和公司，如家庭协会、游船协会、大金湖渔业有限公司等。二是实行公共空间治理。自 2006 年开始，水际村实施"村民值日环卫"制度，村民自觉清理公共区域。这一举措不仅有效解决了游客投诉的垃圾污染问题，显著改善了村庄的环境景观，还促进了沿线风味餐厅、家庭宾馆和旅游购物网点的兴起，使水际村迅速崛起为当地知名的旅游专业村。三是加大基础设施建设。随着 2010 年中国丹霞成为世界遗产，金湖的知名度也迅速提升，游客数量大幅增加。水际村迎来了新一轮的旅游发展阶段，地方政府开始加大基础设施建设力度，统一改善道路、水电和燃气等基础设施。通过这些举措，水际村在 2019 年被推荐为中国美丽休闲乡村，同年入选第一批国家森林乡村名单，为当地森林康旅产业的可持续发展打下了坚实基础。

水际村以旅游发展为主线，紧紧围绕"村庄美、产业兴、生态优、百姓富"的目标，立足区位特色，大力实施美丽乡村建设，村庄环境和产业发展整体提升，配套设施不断完善，休闲接待能力得到进一步增强。水际村通过成功的村内改制，改变了原有的产业组织和社会互动方式，扩大了乡村旅游产业规模并推动了旅游产业的进一步发展。村民也逐渐感受到旅游发展的重要性，改变了原有的社会观念，开始与来自城镇的游客、媒体、科研人士等进行频繁互动，促进了自身生活方式、商业经营理念、价值观念等的更新。

（三）深化阶段：产业融合，打造特色森林康旅体验项目（2020 年至今）

随着生态旅游的兴起，水际村开始探索发展森林康旅产业的可能性。随着乡村旅游的不断发展，游客需求逐渐从"传统观光型"旅游向"体验型"旅游转型，游客开始更加注重旅游的参与度和康养性。基于此，水际村开始打造独特的旅游产品（如综合度假村、大金湖峡谷漂流、"阅山·水舍"康养民宿等），以提升游客体验感。2020 年 12 月，水际村被确定为福建省第一批高级版绿盈乡村。2021 年 9 月，水际村被认定为第二批全国乡村治理示范村。2022 年，泰宁县举办泰宁环大金湖马拉松赛。近年来，水际村始终坚持"旅游兴村、产业富村"发展思路，依托十里平湖、丹霞赤壁等景观资源优势，积极发展茶旅观光游、瓜果采摘体验游、森林康养园等特色旅游项目，当地森林康旅产业逐渐发展壮大，为村民创业增收提供了新的渠道。水际村凭借独特的自然景观和丰富的文化资源，成功实现了从贫困村到旅游示范村的转变。其森林康旅项目不仅为游客提供了理想的休闲选择，还推动了当地经济发展。水际村的成功转型不仅让其成为省、市美丽乡村建设试点村，还荣获多项荣誉，被誉为"三明旅游第一村"，这也标志着其森林康旅产业发展已取得初步成功。

纵观水际村发展历程，其成功实现了从偏远渔村到森林康旅度假区的华丽蜕变。这一过程不仅标志着产业结构的深刻变革，还成功地将"经济洼地"转变为"发展高地"，为村庄的可持续发展奠定了坚实基础。这种生态与经济的和谐统一，不仅为当地居民创造了新的生计机会，还为区域经济发展注入了新的活力，成为水际村珍贵的可持续发展资产。水际村森林康旅产业发展至今，有效带动了周边群众稳定就业、临时就业与自主就业，并实现了当地总体经济的快速提升。

三、基本做法

（一）党建引领，先试先行大胆探索森林康旅之路

水际村积极发挥党建联建优势，打造产业集群，整合项目资金，实施产业链项目，储备招商引资项目。水际村通过党员带动和村民自愿参与，创建了渔业协会、家庭旅馆协会、游船协会"三大协会"，形成了"1+3"（党支部+三大协会）的党建模式，凝心聚力共发展。同时，地方政府牵头联合村民整合闲散资金并引进外来企业，共同开发旅游景点，做到了经济效益与旅游开发两不误。水际村推行了"农户+协会+公司"的康旅发展模式，促进了当地森林康旅产业的发展。地方政府、村民以及外来企业的协作，不仅激发了全民参与旅游的热情，还促进了当地森林康旅产业规模不断扩大，从而进一步推动了当地旅游业的发展。

（二）机制创新，努力探索森林康旅产业强村富民之路

水际村以股份制为基础发展旅游，同时由村党支部牵头组建渔业协会、家庭旅馆协会、游船协会三大协会，并有效发挥协会的突出作用，以此实现了广大村民共同致富。与此同时，水际村还加强各种基础配套设施

建设，采用农家山庄联合体模式，统一宣传、统一经营管理、统一价格，有效促进了当地旅游业发展，并夯实了森林康旅产业发展的基础，从而成功走出了一条"旅游强村富民"的道路。

（三）供给优化，转型升级森林康旅产品服务体系

随着旅游发展愈加成熟，水际村开始转型升级，重视游客体验感，其乡村旅游由此开始向森林康旅方向转变。在村容村貌、基础设施都得到改善后，水际村的游客量和知名度也随之上升。但水际村并没有骄傲自满，反而继续依靠自己依"湖"而居的地理特色，不断创新旅游发展模式，为游客打造独特的旅游产品，提升游客旅游体验感。除了渔业，水际村村民的步伐还不断向宾馆服务业、景区开发等方面延展。例如，金湖湾度假村构成了金湖湾独具地方浓郁特色的休闲渔业园区。其开展的多项渔业休闲活动推动了当地渔文化的繁荣与发展，为游客提供了游览观光、品尝渔家美食以及其他体验性、参与性较高的休闲娱乐活动。同时，村里的森林康养、研学培训和特色民宿等新兴业态也随之发展，境元康养园、甘露别院康养基地、景阳书院等一批生态旅游项目相继建成。以水兴旅，以旅兴业，水际村依托大金湖而快速发展起来的森林康旅产业，使其实现了从"贫困村"到"明星村"的华丽转身。

四、经验启示

（一）鼓励社区参与，保障森林康旅产业可持续发展

激发地方社区的参与意识，构建共赢机制是实现森林康旅产业可持续发展的重要保障。在水际村的发展模式中，村党支部牵头组建渔业协会、家庭旅馆协会、游船协会，带动村民积极参与森林康旅项目的经营，从而实现了全体村民共同致富。在康旅服务、产品开发和环境保护等方面，村民不仅是受益者，更是参与者和推动者，形成了多主体共治的新模式。这种模式不仅提升了旅游服务质量，还拓宽了村民的收入来源，并增强了村民对森林康旅发展的认同感。

（二）加强政策支持，探索森林康旅发展新模式

在水际村森林康旅发展的过程中，政策支持发挥了至关重要的作用。地方政府制定了一系列优惠政策，以鼓励投资和创新。水际村不断探索新的旅游产品和服务（如开发夜游项目、推出文旅康养线路等），以满足游客的不同需求；同时通过深入挖掘当地的文化内涵（如举办汉服旅游节、梅林戏夜间演出等），丰富了森林康旅产品的文化内涵，实现了森林康旅产业的可持续发展。

（三）重视资源整合，多元赋能森林康旅产业发展

水际村从传统的观光旅游向康养、休闲、文化体验等多元化方向发展，增加了附加值，推动了森林康旅产业链的延伸。水际村通过与知名企业、旅游机构合作，实践跨界融合，共同打造森林康旅品牌，提高市场认知度和竞争力；同时引入智能化技术与信息化管理，提升运营效率，推动森林康旅产品升级，从而实现了多元赋能森林康旅产业发展。

（四）市场需求导向，打造森林康旅品牌

地方特色资源的整合与品牌塑造是发展森林康旅产业的关键。水际村充分利用其独特的自然和文化资源，积极引进"康养+旅游""康养+文化""康养+养老""康养+旅居"等新业态，通过系统整合，形成了以康养为核心的旅游品牌。同时，地方政府、村民以及外来企业共同合作，推动生态环境保护与旅游开发的协同发展，从而提升了当地森林康旅品牌的市场竞争力。

第十四章 浙江黄岩大寺基森林康旅产业发展的创新与实践

一、基本情况

浙江黄岩大寺基林场（以下简称"大寺基林场"）位于浙江省台州市黄岩区西部，地处括苍山余脉，南接永嘉县，北邻仙居县，距离黄岩城区约65千米。大寺基林场属亚热带季风型气候区，雨量充沛，光照适宜，空气湿润，四季分明，平均温度18 ℃。其森林覆盖率达96.22%，植被有常绿阔叶林、针叶林、竹林、茶叶林等，还有野生动物50余种。在地形地貌上，大寺基林场属于浙江中部沿海中山区，平均海拔约900米，其主峰海拔高达1 252米，是黄岩区最高的山峰。

大寺基林场拥有发展森林康旅产业的得天独厚条件和显著优势。林场的经营面积近2.5万亩，生态公益林面积超过2.4万亩，拥有市级森林公园和自然保护小区基地，以及国家3A级旅游景区（大寺基森林公园），具有发展森林康旅产业的自然条件基础。这里空气清新，环境优美，被誉为"台州氧吧"，并建有茶园、森林别墅、黄仙古道以及始建于宋代开宝年间的万福寺等基础设施和景点。2019年7月，大寺基林场被评为浙江省避暑气候胜地。大寺基林场作为永宁江和楠溪江的发源地，以及为台州居民提供饮用水源的长潭水库的重要水源涵养地，其生态效益和社会效益较为显著，在整个台州生态建设中扮演了不可替代的角色。

二、发展历程

（一）起步阶段：植树造林构建森林生态功能（1958—2000 年）

大寺基林场始建于 1958 年 7 月，当时作为国有林场，其设立目的是有效保护和合理利用宝贵的森林资源。在那个时期，林场的主要职责包括大规模植树造林、确保森林资源的保护以及进行木材的生产和供应。随着时间的推移，经过多年的不懈努力和精心管理，原本荒凉的山丘逐渐被郁郁葱葱的树木覆盖。2000 年，大寺基林场初步具备了旅游产业发展的基础条件，并构建起森林资源的生态功能，成为黄岩区乃至周边地区的重要生态屏障。

（二）发展阶段：市场需求引领森林康旅发展（2001—2020 年）

进入 21 世纪，人们对森林康旅的需求逐步形成市场规模，大寺基林场开始探索森林旅游和康养产业及其相关产品。2001 年，林场开始组建黄岩龙乾春茶叶有限公司，发展高山云雾茶园，并打造了"龙乾春"名茶品牌。2015 年，大寺基林场完成了国有林场改革工作，为森林康旅产业发展打下了良好基础。2016 年，在大寺基林场的基础上，台州市政府批准设立了大寺基森林公园，这进一步提升了林场的生态旅游品质。之后，林场不断丰富其森林康旅产品（如推出徒步、观鸟、瑜伽等活动），以满足不同游客的需求。2018 年，大寺基森林公园被评为国家 3A 级旅游景区，这也提升了大寺基林场的知名度和影响力，并为当地带来了显著的经济效益。2020 年，依托大寺基林场优质的森林生态资源，开发建设而成的大寺基森林康养基地获台州市首个"省级森林康养基地"称号，其也是台州市唯一的省级森林康养基地。

在发展阶段，大寺基林场充分利用自身资源优势，积极拓展森林康旅项目，引入高端养生理念，结合当地文化特色，打造了一系列富有特色的森林康旅产品。其已成为区域森林康养产业与旅游产业融合的典范，吸引了越来越多的游客前来体验自然之美，享受健康生活。

（三）深化阶段：做强做森林康旅产业（2021年至今）

2021年，大寺基林场被命名为"浙江省现代国有林场"，同年被浙江省林业局列为全省首个"未来国有林场"试点。2022年，《浙江省台州市黄岩区大寺基"未来国有林场"实施方案》（以下简称《方案》）通过专家评审。《方案》提出建设生态、碳汇、智慧、治理、产业、文化、风貌、交通、共富等九大未来林场应用场景。其旨在创新国有林场管理体制机制，探索新型智慧林场治理模式，从而全面提升国有林场的森林近自然经营水平、数字化管理水平以及智慧化服务水平，并进一步提出要将大寺基林场打造成"永宁江源头保护地、长潭水库水源涵养地、未来国有林场首创地"。2023年，大寺基林场全面改造升级，围绕"生态安全、绿色发展、共同富裕、低碳智治"的建设目标，完成了包括森林质量精准提升、大寺基公益林生态廊道、智慧林场建设、大寺基青少年自然科普中心等12个重点项目建设，进一步夯实了森林康旅产业的发展基础。2024年，大寺基林场被列入浙江省林业共同富裕综合体试点，黄岩区获得林业共富试点任务建设资金1 000万元。以此为契机，大寺基林场深化与地方社区的合作，拓宽生态产品价值实现路径，优化共富试点项目实施方案，力求在保护生态环境的同时，让村民切实享受到生态红利。

纵观大寺基林场发展历程，其持续实施乡村振兴战略，先后创建了"龙乾春"名茶品牌、国家3A级旅游景区、浙江省森林康养基地等，撬动和串联了区域乡村特色旅游、森林康养、林下经济、茶叶等相关产业，有力带动了当地的民宿经济、康养小镇、康养度假区块、森林康养生态社区等产业新业态的创新建设。未来，大寺基林场将继续深挖自身生态资源，加快推进智慧林场建设，重点围绕产业建设3个中心：地产中药材产业中心、中医药文化特色森林康养中心、中草药资源保护中心，以拓展农旅康养领域，延伸产品链条，从而实现国有林场与周边区域产业互补、经济互益、文化互联、绿色共富。

三、基本做法

（一）规划引领，抢抓战略机遇发展

大寺基林场紧跟浙江省林业共同富裕综合体试点的政策导向，通过科学规划，明确了"生态安全、绿色发展、共同富裕、低碳智治"的建设目标。《浙江省台州市黄岩区大寺基"未来国有林场"实施方案》为林场未来的发展提供了战略指引并绘制了清晰蓝图。《方案》不仅关注生态保护，还涵盖了森林康养、森林旅游等多方面的发展规划，确保了林场在保护生态的同时，能够合理利用森林资源，发展森林康旅产业。大寺基林场把握住了发展森林康旅产业的有利时机，坚持立足现实、放眼未来、科学布局，高标准地制定了森林康养基地的建设规划。在规划的制定过程中，大寺基林场强化了与新一轮国土空间规划、台州市黄岩区的全域旅游规划等上级规划的对接，确保了规划的科学性、前瞻性和可操作性。同时，其注重打造独特景观，提升知名度，致力于使自身成为台州市区的后花园，成为长三角地区旅游的新亮点。

（二）做强品牌，发挥"旅游+"功能

大寺基林场通过品牌创新和策划，提升森林康旅产品的创新供给和品质。同时，还通过精心的品牌营销和大力的森林康旅推广，做强做精森林康旅品牌。在项目拓展方面，大寺基林场通过开发风电观光、山地度假、冰雪娱乐、科普教育和生态休闲等新项目，着力打造一系列休闲旅游的精品线路。林场利用大数据和云计算等现代信息技术，充分挖掘"旅游+"潜力，以满足市场对森林康养、旅游、科普和文化体验等方面的多元化需求。同时，大寺基林场还构建森林康旅网络营销体系和智慧平台，推动了自身智能化和信息化建设。例如，林场通过建设完善智能导游、电子讲解、交通集散和实时信息推送等智能化服务功能，并结合林场的清新空气监测站，实现了实时发布生态环境和服务管理数据。在品牌建设上，大寺基林场通过创建国家3A级旅游景区、浙江省森林康养基地等品牌，提升了自身的知名度和吸引力。同时，林场利用其独特的高山云雾茶园资源，打造了"龙乾春"名茶品牌，将茶叶产业与旅游、康养等产业相融合，形

成了"旅游+农业"的融合发展模式。此外，林场还通过举办各种文化活动和旅游节庆活动，进一步丰富了自身森林康旅产品内容，提升了游客旅游体验。

（三）多措并举，完善公共服务设施

大寺基林场加速推进公共服务设施建设与完善，全方位提升游客体验与服务质量，具体举措如下：一是强化基础建设。林场通过建设4G和5G网络，确保林场内全面覆盖4G和5G网络；通过改造双场、大寺基和老岗基等地区的农网，增强电力供应的稳定性；通过启动老岗基至双场的道路建设项目，以及对林场内的道路进行拓宽和硬化处理，提升路网密度与道路等级。二是拓宽资金渠道。林场通过多种方式，积极争取各级财政资金支持，如将森林康养基地建设资金纳入当地财政预算，并努力争取省自然保护地建设资金、现代国有林场发展资金、台州市水源水质资金等各类专项资金。同时，林场还积极吸引社会资本参与森林康养基地和基础设施等的建设。三是完善公共服务设施。林场既注重硬件设施的改善，也重视软件服务的提升，如增设游客服务中心，为游客提供细致周到的咨询服务；同时定期组织专业培训，全面提升服务人员的业务水平，以确保为游客提供优质服务。四是优化旅游环境。林场通过增设生态停车场，引入环保观光车，减少对环境的影响，并确保游客在享受自然美景的同时，也能感受到便捷与舒适。大寺基林场通过这些举措，致力于将自身打造成台州市乃至长三角地区的旅游新地标，从而实现生态保护与经济发展的双赢。

（四）院地合作，培养森林康旅领军人才

大寺基林场重视人才培育和智力支持，积极与专业团队开展合作，增加智能化设备投入，并推进新型基础设施建设。例如，林场建立了数据资源大数据中心、生态驾驶舱、林火监测预警分析全景展示平台等项目。这些举措不仅提升了林场的管理效能，还为森林康旅领域专业人才的培养提供了优质的实践基地。大寺基林场与浙江农林大学、浙江省林科院等知名高校和科研机构展开合作，通过举办讲座、开设培训课程、开展定向委培项目以及派遣科技专员等多种方式，促进了森林康旅领域人才培养以及教育与产业的深度融合，从而培育出能够引领产业发展的森林康旅领军人才和创新团队。此外，林场还致力于打造森林康旅产学研基地，针对森林浴

场、森林氧吧、森林康复中心、森林疗养场馆、森林康养步道以及导引系统等多个领域开展研究工作，旨在提升森林康旅的科技水平和整体质量。

（五）创新业态，开拓新兴服务市场

大寺基林场积极探索创新机制，构建多元化的新兴服务市场，通过引入社会资本，开展多元化投资，鼓励并支持林场内部和外部的创新项目，致力于打造一个集康养、旅游、科研、教育等功能为一体的综合服务体系。在推动智能化、信息化发展方面，林场借助"互联网+"和"未来国有林场"理念，提升管理与服务的智能化、信息化水平，增强游客的体验感和满意度。同时，林场通过整合现代林业、农业、中医药产业、医疗保健业、林下经济药食同源保健食品加工业、养生养老与生态旅游休闲业等核心领域，构建起庞大的产业集群并培育了多元化市场主体，以激发产业间的跨界融合与协同效应，从而推动集群内部各产业联动发展，进而形成完整的产业链与市场链。

四、经验启示

（一）重视规划先行，布局森林康旅战略发展

科学制定森林康旅发展规划，明确发展目标、方向和重点，为后续详细的分项规划提供指导依据；同时加强对森林康旅资源的全面调查和评估，以确保资源的合理开发和可持续利用，并注重结合当地实际，挖掘特色资源，打造差异化的发展路径。此外，加强森林康旅业态的管理和监督，建立健全的管理机构和管理制度，加大对森林康旅产业从业者的培训和监督。

（二）坚持品牌建设，开发森林康旅相关特色产品

利用当地森林资源优势，深度挖掘并整合文化、历史、生态等多重价值，推出具有地方特色的森林康旅品牌；同时注重产品的创新与升级，开发一系列融入自然元素的健康产品（如森林瑜伽、冥想课程、生态体验游等），以满足市场的多样化需求，提升森林康旅的吸引力与核心竞争力。此外，通过专业的品牌推广和精准的市场定位，不断扩大当地森林康旅的

市场份额，助力经济转型升级，实现可持续发展。

（三）夯实基础设施，完善森林康旅体验配套条件

加强基础设施建设，提升交通、住宿、餐饮等配套服务水平，以确保游客在森林康旅中的舒适度和便捷性；同时注重生态保护与绿色发展，在保障森林生态安全的前提下，提升森林康旅的环境质量，为游客提供清新自然的康旅空间。此外，加强与地方社区的合作，带动居民参与森林康旅的开发与经营，共享产业发展成果，促进乡村振兴。

（四）加强人才支撑，构建森林康旅服务专业队伍

针对森林康旅产业发展，建立专业人才培训体系，提升从业人员的专业素养和服务技能。例如，定期的培训课程可以强化相关人员的理论知识与实践操作能力，从而培养出一批熟悉森林康旅业务、具备创新意识和服务理念的专业人才。同时，鼓励人才交流，以及引进国内外先进的管理经验和技术，为森林康旅产业的可持续发展提供有力的智力支持。此外，完善人才激励机制，提高人才队伍的稳定性和积极性，为森林康旅产业注入源源不断的活力。

（五）强化市场引领，打造森林康旅多元发展业态

深入分析市场需求，精准定位目标客户群体，积极推动森林康旅产业与休闲农业、文化旅游等产业融合发展，构建多元化的市场格局。一方面，不断丰富旅游产品体系，开展线上线下联合营销，拓宽销售渠道，提升品牌知名度。另一方面，强化政策引导，优化产业发展环境，鼓励社会资本参与，促进产业创新，助力森林康旅产业朝着更高水平稳健发展。在此基础上，持续深化市场研究，密切捕捉行业动态，适时调整发展战略，并结合地方实际情况，积极探索更多与森林康旅相结合的新模式，如康养小镇、森林医疗等，从而进一步丰富产业业态，切实增强市场竞争力。

第十五章 黑龙江北极村森林康旅 产业发展的创新与实践

一、基本情况

黑龙江北极村是我国最北端的临江小镇，其位于黑龙江上游南岸，大兴安岭地区漠河市北极镇，与俄罗斯阿穆尔州的伊格纳斯依诺村隔江相望，距离漠河市区约 80 千米。北极村内以发展第三产业为主，有家庭宾馆协会、马爬犁协会、游艇协会三家协会。北极村紧紧围绕漠河市委"一党委一品牌、一支部一特色"的总体定位，引导全民发展旅游产业增收致富。该村先后被授予全国文明村镇、全国首批特色景观旅游名镇（村）、国家 5A 级旅游景区、国家级生态村、中国最令人向往的地方、黑龙江省乡村旅游重点村等称号。北极村与黑龙江北极村国家级自然保护区以及北极村国家森林公园存在大量区域重合，其林下资源丰富，无重工业污染、土壤结构良好、病虫害较少的自然生态孕育了优质、丰富的中药材和野果。北极村还是国内观测北极光的最佳地点，素有"不夜城""金鸡之冠""神州北极"的美誉。

二、发展历程

（一）起步阶段：完善旅游产业建设的基础建设（1997—2014 年）

随着林区"两危"困境（资源危机、经济危困）出现，漠河县①把旅游业作为经济转型的重要方向。1997 年，北极村被开辟为"北极村旅游风景区"，成为全国最北的旅游景区。2008 年，为充分利用北极村的特殊地理位置，漠河县拿出专项资金，对县城和北极村进行改造，完善了电力设施建设，美化了街区，改造了交通设施。在改造过程中，地方政府提出要全面立体规划旅游建设，其委托多家知名规划设计单位全面推进规划工作，保留了北极村原有的古老民居和景点，并进一步突出了北极村的风貌。2012 年，北极村推进招商引资工作，相继与多家企业进行洽谈，引进服务设施项目建设。2014 年，北极村积极响应国家政策，全面停止天然林商业性采伐。此后，北极村不断寻求变革，从多个维度进行探索，致力于走出一条高质量的转型发展道路。

（二）发展阶段：提升旅游体验需要的服务能力（2015—2019 年）

2015 年，北极村被列为国家 5A 级旅游景区。"最北邮局""最北供销社""最北饺子馆"等各种以"北"为名的商铺，如雨后春笋般涌现，备受游客青睐，村民也随之实现了从"因北而贫"到"因北而兴"的转变。在野生浆果采集、寒地中药材种植以及寒地试车等产业带动下，北极村将"冷资源"转化为"热经济"，不断完善绿色生态产业体系。

北极村虽然在接待人次、景区建设、旅游收入和市场知名度上取得了一定成绩，但是相较于国内其他 5A 级旅游景区，依然存在一定差距。因此，2015 年，漠河县政府委托华汉旅规划设计研究院规划编制了《中国漠河北极村旅游提升规划》，其中规划制定了《北极村环境整治与美化规范》，从建筑风貌、院落空间、街道立面、景观绿化、广告牌匾、道路交通六个方面进行规范。该规范还原和强化了具有地方传统民族习俗的乡村风貌，同时按照居民参与旅游发展方式，对院落空间进行引导性设计，解

---

① 2018 年 2 月，经国务院批准，民政部批复，撤销漠河县，设立县级漠河市。

决了生活设施摆放凌乱、接待空间不够整洁、院落特色不足等问题。2017年9月，北极村智慧旅游项目正式启动建设。该项目基于大数据平台，对人流监测、监管调度、监测预警、应急指挥、信息发布等多项数据进行整合分析，并通过大屏幕进行宏观监控，从而构建起一个具备统一调度与统一指挥功能的智慧化、综合性指挥中心，进而为景区运营提供全方位支持。2018年，漠河市公安局成立了全省第一支旅游警察队伍——漠河市公安局旅游警察大队，并在北极村旅游景区正式挂牌。自成立以来，该警察大队通过实施旅游综合执法，不断完善监督管理，构建文明有序的旅游环境。2019年，北极村推进"厕所革命"，在全村进行旱厕改造，并修建旅游公厕，通过农村基础设施建设和人居环境建设两手抓来建设美丽乡村。

（三）深化阶段：提高旅游接待的发展水平（2020年至今）

2020年，北极村改革经营管理体制，成立漠河北极旅游开发有限公司，科学分离所有权、经营权、管理权，并引导居民、社区参与景区运营，形成了政府、企业、居民、游客等多方共赢的运营模式。2023年11月28日，漠河市政府成立北极村建设指挥部，推动北极村整体提档升级、实现高质量发展；同时制定出台了《北极村土地使用办法》和《民宿家庭宾馆提档升级政策标准》。2024年，北极村建设指挥部开展"我在北极有块田"认领活动，促进了北极村种植业提质增效和转型升级，同时实施了整村改造。同年，漠河北极旅游服务标准化试点入选2024年度国家级服务业标准化试点项目。

纵观北极村发展历程，其采取了一系列措施促进当地森林康旅产业的发展：1997年至2014年，通过改造基础设施、完善规划和推进招商引资，北极村成功转型为旅游目的地。2015年至2019年，北极村被列为国家5A级旅游景区，发展了以"北"为主题的各种特色商铺，推动了绿色生态产业体系的完善，并引入了智慧旅游项目来加强管理和执法。2020年至今，北极村改革了经营管理体制，成立了北极村建设指挥部，开展了"我在北极有块田"认领活动，实施了整村改造等，这些举措进一步提升了北极村的旅游接待能力和服务水平，使其逐步成为具有竞争力的森林康旅胜地。

三、基本做法

（一）强化乡村治理，夯实旅游发展基础

强化乡村治理与夯实旅游发展基础是相互促进、相辅相成的。强化乡村治理能够为旅游发展营造稳定的社会环境，提供良好的基础设施；而夯实旅游发展基础则能够带动乡村经济增长，创造更多就业机会，以提升乡村整体形象与居民生活水平，从而进一步巩固乡村治理的根基。在深化农村人居环境整治方面，北极村实行党员"门前五包"工作法，牵头完成了"厕所革命"。在乡村文明建设方面，北极村坚持以文明乡风"吹"动基层善治，通过完善村规民约，健全村民议事会、红白理事会等机制；同时常态化开展道德讲堂、"北极先锋之星"评选等活动，引导村民崇德向善、见贤思齐。此外，北极村还通过发行升级北极村村史馆，传承乡村历史文化；同时打造民俗园，促进多民族共同繁荣发展。

（二）依托资源优势，发展特色旅游产业

依托资源优势与发展特色旅游产业是紧密相连的。资源优势是发展特色旅游产业的基础和前提，而特色旅游产业则是资源优势转化为经济优势的重要途径。凭借资源优势，可以推动旅游产业的创新发展，打造具有竞争力的旅游品牌与产品，从而带动区域经济的发展。北极村依托"最北"这一核心优势，构建了项目带动型、服务创收型、资产出租型三大集体经济发展模式。党员发挥带头创业作用，牵头成立了家庭宾馆协会、马爬犁协会、游艇协会三大协会，鼓励村民发展民宿、马拉爬犁、游艇产业。每年夏至节、冬至节等重要时间节点，北极村都会组织极地森林生态康养季、冰雪嘉年华等重大节庆活动。同时，还打造了一系列精品研学路线。此外，北极村还打造了"互联网+"产业融合新模式，引入旅拍、鄂伦春非遗工艺品等新业态，并常态化开展民俗演艺、篝火晚会等活动，吸引游客驻足打卡。

（三）坚持绿色发展，打造森林康旅产业

绿色发展与森林康旅产业关系密切，绿色发展理念在森林康旅产业中

得到了广泛应用和充分体现。绿色发展是一种注重环境保护和可持续发展的新型发展模式，其旨在通过推广绿色产业、加强生态环境保护、提高资源利用效率等手段，实现经济发展与环境保护的良性循环，从而推动经济社会的可持续发展。北极村坚持以"一个围绕、两个赋能、三个助推"为治理导向，即围绕"增绿就是增优势，护林就是护财富"的理念，赋能林下经济与旅游产业，助推"把乡村建设得更好、把生态保护得更好、让人民生活得更好"。北极村的经济发展主要依靠旅游业与特色农业的融合，并以林下经济作为补充。凭借独特的地理位置和气候条件，北极村积极发展旅游业，推出了"寻北"活动、蓝莓采摘、极光观赏等多种森林康旅活动，吸引了大量国内外游客。同时，森林和生态环境的保护也是北极村治理工作的重要内容。村内防火标语随处可见、林业人员设点站岗、巡山任务频繁进行。这些举措有力地促进了当地旅游的可持续发展。如今，北极村已形成旅游业、特色农业、文化和生态保护融合发展的良好态势，实现了经济的多元化与可持续增长，村民收入也在不断增加。

四、经验启示

（一）聚焦党建引领，精细统筹谋划

北极村聚焦"把乡村建设得更好、把生态保护得更好、让人民生活得更好"的目标，强化政治引领，筑牢顶层设计，抓实基层治理，以"红色引擎"助推乡村振兴，全力打造宜居宜业和美乡村的北极样板；同时深化党建品牌创建，发挥"景区党建联合体"作用，引导党员、干部在推动发展、基层治理、服务群众等工作中履职尽责。县市级政府高位谋划、统筹规划，定期研究北极村发展事宜，并制定北极村高质量发展行动方案；同时聘请外部专家对北极村的建设发展进行规划，因地制宜地打造旅游特色风貌。

（二）聚焦产业发展，精准务实发力

地方政府应找准核心优势，因地制宜发展文旅产业，为投资者和创业者做好政策支持、为游客做好产品供给、做精旅游业态，以实现乡村振兴。例如，漠河市围绕"吃住行游购娱"制定当地全行业评定标准，并出

台了《新时代漠河旅游民宿高质量发展振兴十条》等系列政策，推动涉旅行业提质增效；同时结合当地特色，高规格举办各种节庆活动，精心打造多条精品研学路线、旅游路线、森林冰雪穿越徒步路线以及极光星空观赏地等，为不同游客提供了多样化选择。此外，北极村还积极打造"互联网+"产业融合新模式，以形成经济发展新动能。

（三）聚焦乡风醇美，精心培育文明

树立文明新风，打造乡村文化，抓实村级治理工作。例如，北极村通过完善村规民约，健全村民议事会、红白理事会等机制，大力推进移风易俗；同时常态化开展道德讲堂、"北极先锋之星"评选等活动，引导村民崇德向善、见贤思齐。此外，北极村还通过改造升级北极村村史馆，传承乡村历史文化；同时打造民俗园，促进多民族共同繁荣发展。

参考文献

[1] 彭真, 宋薇. 低碳旅游视域下南昌市森林康养旅游效率评价 [J]. 农村经济与科技, 2024, 35 (17): 87-89, 171.

[2] 张辉, 朱海冰. 三亚育才生态区发展森林康养旅游的问题与对策研究 [J]. 商展经济, 2024 (14): 41-44.

[3] 刘阳. 森林康养旅游对身心健康的影响及提升策略 [J]. 农村科学实验, 2024 (13): 48-50.

[4] 张俞曼. 差异化策略在清远市森林康养旅游开发中的应用与案例分析 [J]. 西部旅游, 2024 (12): 63-65.

[5] 冒周莹. 基于网络文本分析和修正的金坛茅山森林康养旅游满意度研究 [J]. 经营与管理, 2024 (2): 1-12.

[6] 王淑霞, 李小芳, 姚慧. 老龄化背景下森林康养与旅游产业融合发展研究 [J]. 西部旅游, 2024 (4): 1-3.

[7] 林晓婕. 乡村振兴背景下森林康养特色旅游高质量发展探讨 [J]. 现代农业研究, 2024, 30 (2): 44-46.

[8] 贾晓刚. 管涔山林区森林康养旅游优势探讨 [J]. 山西林业, 2023 (6): 14-15.

[9] 王立谦, 孙丽玮, 王阳, 等. 加快黑龙江省森林旅游康养产业发展的对策 [J]. 黑龙江科学, 2023, 14 (21): 11-13, 18.

[10] 曹瑞丽. 森林康养与体育旅游的耦合发展: 以 "第六届中国森林康养产业发展大会" 为例 [J]. 林产工业, 2023, 60 (11): 93-94.

[11] 王慧, 张永存, 蒋宏飞. 基于魅力质量理论的游客森林康养旅游需求 [J]. 林业经济问题, 2023, 43 (5): 530-538.

[12] 刘楠, 魏云洁, 郑姚闽, 等. 北京市森林康养旅游空间适宜性

评价 [J]. 地理科学进展，2023，42（8）：1573-1586.

[13] 周彬，刘思怡，虞虎，等. 森林康养旅游感知利益对游客消费意愿的影响研究：以浙江省四明山为例 [J]. 山地学报，2023，41（3）：422-434.

[14] 范恒，王凯，彭燕. 基于网络文本的森林康养旅游游客情感特征研究：以资溪县为例 [J]. 特区经济，2023（4）：152-155.

[15] 潘鑫. 坚持绿色经济发展原则保障森林康养旅游产业 [J]. 中国林业产业，2023（3）：38-39.

[16] 付凯，赵航飞. 森林康养旅游协同发展路径研究 [J]. 西部旅游，2023（3）：37-39.

[17] 董翔文. 森林康养旅游研究及开发 [J]. 经济师，2022（12）：147-148.

[18] 陈晓旭. 森林康养与体育旅游的融合发展：评《森林康养实务》[J]. 林业经济，2022，44（9）：103.

[19] 白翠玲，雷欣，杨丽花，等. 山西太行山森林康养旅游发展战略研究 [J]. 经济论坛，2022（3）：38-47.

[20] 罗栋，李兵，文诗. 基于网络文本分析的张家界国家森林公园康养旅游产品创新策略探析 [J]. 中国林业经济，2022（2）：113-119.

[21] 钟南清，郑雪梅. 明月山林场着力推进森林康养旅游产业发展 [J]. 国土绿化，2022（2）：44-45.

[22] 郭樑，吴杨波. 森林康养产业发展浅析：以洪雅·峨眉半山七里坪森林康养旅游度假区为例 [J]. 现代园艺，2022，45（3）：73-74，62.

[23] 涂多扬. 基于创新社会治理的三明市森林康养旅游发展路径分析 [J]. 台湾农业探索，2021（5）：40-44.

[24] 李伟，简季. 森林康养基地时空变化与旅游收入空间错位分析 [J]. 中国林业经济，2021（5）：82-86.

[25] 王妍方，何平鸽. 基于森林环境禀赋与游客感知的康养旅游研究 [J]. 西南林业大学学报（社会科学），2021，5（4）：47-50.

[26] 赵高伟. 森林康养带来"绿"生活：许昌市建安区生态旅游养生产业园建设纪实 [J]. 资源导刊，2020（12）：33.

[27] 胡侠. 发挥优势深化合作聚力推进长三角森林康养和生态旅游

一体化 [J]. 浙江林业, 2020 (10): 4.

[28] 陈展. 美丽长三角生态健康游: 长三角森林康养和生态旅游宣传推介活动开幕 [J]. 浙江林业, 2020 (10): 5.

[29] 李照红, 唐凡茗. 健康中国背景下森林康养旅游研究态势 [J]. 合作经济与科技, 2020 (20): 21-23.

[30] 张彩红, 薛伟, 辛颖. 玉舍国家森林公园康养旅游可持续发展因素分析 [J]. 浙江农林大学学报, 2020, 37 (4): 769-777.

[31] 汪长江, 吴继文, 张吉和, 等. 森林康养集结号在这里吹响: 巴东县全域旅游再添新名片 [J]. 中国林业产业, 2020 (7): 52-54.

[32] 朱舒欣, 何双玉, 胡菲菲, 等. 森林康养旅游意愿及其影响因素研究: 以广州市为例 [J]. 中南林业科技大学学报 (社会科学版), 2020, 14 (3): 113-120.

[33] 彭真, 吴南生. 基于游客需求导向的森林康养旅游产品创新开发与提升路径研究: 以赣州虔心小镇康养基地为例 [J]. 老区建设, 2020 (6): 39-44.

[34] 蔡芳娜, 郑杭杭, 钱晓燕. 全域旅游视域下三明市森林康养旅游效率评价研究 [J]. 现代农业研究, 2020, 26 (3): 6-9.

[35] 陈莉娟, 刘金林, 周天焕, 等. 依托森林公园发展森林康养旅游的探讨: 以浙江省景宁草鱼塘森林公园为例 [J]. 华东森林经理, 2020, 34 (1): 56-59.

[36] 李萍, 全继刚, 尚云峰. 浙江安吉森林康养旅游市场需求分析研究 [J]. 经济研究导刊, 2019 (31): 174-175, 180.

[37] 杨燕华, 林征, 李慧, 等. 健康中国战略下永泰森林康养旅游发展模式 [J]. 广东蚕业, 2019, 53 (10): 84-86.

[38] 霍岳飞. 全域旅游背景下太行山区发展森林康养旅游的地理区位优势分析 [J]. 华北自然资源, 2019 (5): 131-133.

[39] 于国斌, 仲庆林, 孙丽娜. 森林康养旅游需求意愿影响因素及偏好研究 [J]. 辽宁林业科技, 2019 (5): 40-43.

[40] 刘祯贵. 森林康养旅游: 研究态势与发展重点 [J]. 中国西部, 2019 (4): 108-113.

[41] 赵君, 赵璟. 云南磨盘山国家森林公园森林康养旅游 SWOT 分析及开发策略 [J]. 安徽农业科学, 2019, 47 (13): 112-113, 175.

［42］潘立，陆燕元.森林康养旅游物流的生态压力管控现状及思路［J］.西南林业大学学报（社会科学），2019，3（3）：68-72.

［43］鲍兰平，唐红，左玲丽.海南森林康养旅游产品开发研究［J］.现代营销（经营版），2019（3）：84-85.

［44］李瑛琴，高丽霞，林什全，等.保健浆果蓝莓在森林康养旅游及森林小镇建设中的作用［J］.中国林业经济，2018（5）：63-65.

［45］冷超.森林康养旅游的发展浅析：以江西省为例［J］.劳动保障世界，2018（23）：66.

［46］蒋贝贝.森林康养旅游研究及开发［J］.吉林农业，2018（10）：111.

［47］李济任，许东.森林康养旅游评价指标体系构建研究［J］.林业经济，2018，40（3）：28-34.

［48］李梓雯，彭璐铭.依托国家森林公园发展森林康养旅游的探讨：以浙江雁荡山国家森林公园为例［J］.林产工业，2017，44（11）：56-59.

［49］四川·乐山峨眉山国际旅游度假区森林康养示范基地［J］.中国林业产业，2017（10）：56-57.

［50］马捷，甘俊伟.基于SWOT分析的四川森林康养旅游发展路径研究［J］.四川林业科技，2017，38（2）：132-135，146.

［51］陈隽情.国家林业局局长张建龙在首届中国森林康养与医疗旅游论坛上提出森林康养应为"健康中国"作出贡献［J］.中国林业产业，2016（12）：8-9.

［52］丛丽，张玉钧.对森林康养旅游科学性研究的思考［J］.旅游学刊，2016，31（11）：6-8.

［53］陈晓丽.森林康养旅游研究及开发探析［J］.黑龙江生态工程职业学院学报，2016，29（5）：25-27.

［54］张文凤，陈令君，黄小柱.森林康养实用手册［M］.北京：中国林业出版社，2024.

［55］王超，徐艺.现代康旅产业概论［M］.成都：西南财经大学出版社，2024.

［56］兰玛，冯奇，包家新.中国康养产业发展政策研究［M］.北京：经济科学出版社，2023.

［57］张旭辉，房红，李博.康养产业发展理论与创新实践［M］.北

京：经济科学出版社，2023.

　　[58] 张玉龙. 健康旅游的伦理抉择 [M]. 青岛：中国海洋大学出版社，2022.

　　[59] 杨开华，石维富. 康养旅游消费决策过程：一个基于扎根理论的探索性研究 [M]. 成都：西南交通大学出版社，2021.

　　[60] 沙莎，曹亚芳，马文彬，等. 中医药康养旅游 [M]. 北京：旅游教育出版社，2021.

　　[61] 蒲波，杨启智，刘燕. 康养旅游：实践探索与理论创新 [M]. 成都：西南交通大学出版社，2020.

　　[62] 王玲，李海燕，马一萍. 康养旅游策划 [M]. 杭州：浙江大学出版社，2020.

　　[63] 郑健雄. 休闲旅游产业概论 [M]. 2版. 北京：中国建筑工业出版社，2018.

　　[64] 薛群慧 卢继东. 健康旅游概论 [M]. 北京：科学出版社，2014.

后记

2021年，"森林康养基地建设与服务"被列入国家发展改革委发布的《西部地区鼓励类产业目录（2020年本）》中，可享受相应政策支持和税收优惠。2024年中央一号文件提出，培育森林康养等新业态。我国拥有丰富的森林资源，如何把森林这座"青山"转化为促进人民增收的"金山"，森林康旅产业可以成为一种路径选择。在本书的编写过程中，我们深感森林康旅产业的重要性和复杂性。这一产业不仅是经济活动的一部分，还关乎生态保护、人类健康和社会可持续发展。森林康旅产业作为绿色经济的重要组成部分，正逐渐成为全球关注的热点。森林康旅产业通过合理利用森林资源，可以为人们提供休闲、养生、康复等服务，这既满足了人们对美好生活的向往，又促进了生态环境的保护与修复。

未来，森林康旅产业的高质量发展须通过政策支持、产业协同、技术创新和人才培养等多维度协同推进，以满足人民日益增长的美好生活需要。我们希望通过本书，为相关从业者、研究人员和政策制定者提供有益的参考和借鉴，从而推动森林康旅产业的健康、可持续发展。

本书能够顺利完成，得到了许多同志的帮助。他们的姓名及其对应的案例分工（包括数据采集并进行部分案例分析）如下：郑琼（贵州案例）、吴慧琳（云南案例）、韦清秀（重庆案例）、李飞（四川案例）、谢明燕（海南案例）、唐子秀（广西案例）、吴荣荣（福建案例）、李宁（浙江案例）、刘沫含（黑龙江案例）。在此感谢他们的辛勤付出为本书相关工作的完成提供了坚实的保障。同时，也要感谢那些在本书撰写过程中提供资料、案例和帮助的人，他们的无私奉献使本书内容更加丰富和具有深度；

还要感谢西南财经大学出版社的编辑，他们为本书的出版付出了辛勤的努力，并为提升本书的质量提供了宝贵的建议。此外，该书得到凯里学院"十四五"学科专业平台团队一体化建设规划项目（项目编号：YTH-XM2024006）资助，在此一并表示感谢。

著者

贵州财经大学崇德楼

2024 年 12 月